高职高专"十三五"部委级规划教材

"十二五"江苏省高等学校重点教材(编号: 2015-1-126)

纤维鉴别 与 面料分析

第二版

陶丽珍　蔡苏英　主编

曹红梅　副主编

付幼珠　主审

化学工业出版社

·北京·

《纤维鉴别与面料分析》（第二版）根据纺织印染企业的来样分析、跟单与贸易、工艺制定、产品质量检验等岗位专业知识与技能的要求，以具体工作任务为教学载体，系统介绍各类纺织品的风格特征与识别技巧，各类纤维的鉴别与分析，产品规格表征、单位计算与参数分析，面料定性与定量分析方法原理、实用技术，纺织产品性能测试方法及影响因素等。按"区分织物类别→分析织物组织与品种→分析织物规格→分析织物原料→测试织物性能"的基本思路设计训练项目，并对纺织品来样分析过程中的难点与常见问题通过案例分析加以阐述。

　　本书具有较强的实用性和可参考性，既可作为纺织院校相关专业学生技能训练用教材，也可作为纺织印染行业相关技术人员继续学习或工作的参考书。

图书在版编目（CIP）数据

纤维鉴别与面料分析/陶丽珍，蔡苏英主编. —2版. —北京：化学工业出版社，2017.12（2022.11重印）
高职高专"十三五"部委级规划教材
ISBN 978-7-122-31195-5

Ⅰ. ①纤… Ⅱ. ①陶…②蔡… Ⅲ. ①纤维-定性分析-高等职业教育-教材 Ⅳ. ①TS101.92

中国版本图书馆 CIP 数据核字（2017）第 313309 号

责任编辑：崔俊芳	装帧设计：关　飞
责任校对：边　涛	

出版发行：化学工业出版社（北京市东城区青年湖南街 13 号　邮政编码 100011）
印　　装：天津盛通数码科技有限公司
787mm×1092mm　1/16　印张 10　字数 228 千字　　2022 年 11 月北京第 2 版第 8 次印刷

购书咨询：010-64518888　　　　　　售后服务：010-64518899
网　　址：http://www.cip.com.cn
凡购买本书，如有缺损质量问题，本社销售中心负责调换。

定　　价：39.00 元　　　　　　　　　　　　　　　　　版权所有　违者必究

前　言

当今纺织印染企业对技术与贸易人才的需求日趋并重，为了适应行业企业在发展过程中对人才要求的变化，使纺织印染专业学生夯实专业基础知识，强化面料分析技能，拓展纤维应用能力，为今后从事纺织品来样分析、跟单与贸易、工艺制定、纺织品检测等岗位工作奠定良好的基础，我们开发了与"纤维化学与面料分析"国家精品课程项目教学配套的教材《纤维鉴别与面料分析》。该教材从应用出发，按学生对专业的认知与职业成长规律，从"面料的感性认识→原料的理性分析→纤维制品的应用测试"重新整合序化教学内容，科学设计训练项目，由浅入深，由简单到复杂，由单项到综合，注意实用性与标准化的有机结合，注意教学和训练内容与岗位职业能力的对接。该教材除了用于"纤维化学与面料分析"课程教学外，还可供"纤维分析工"职业技能培训与鉴定用，也可为社会从业人员的继续学习与专业提升提供帮助。

本书由常州纺织服装职业技术学院与常州纤维检验所校企合作共同开发，主要内容包括纤维鉴别与面料分析岗位认知、8个训练项目及工作参考（附录），其中项目一、项目二、项目五、附录由蔡苏英老师编写；项目三、项目六由陶丽珍老师编写；项目四由陶丽珍、曹红梅老师编写；项目七由王明芳老师编写；项目八由曹红梅老师编写；纤维鉴别与面料分析岗位认知由蔡苏英、王明芳、陶丽珍老师联合编写。常州市纤维检验所付幼珠高工负责本教材的审稿与技术指导，同时还参与了相关案例分析的编写工作。另外高研、邵东锋、赵为陶、王昕（常州市波肯纺织品检测有限公司）、徐煜、岳仕芳、俞阳、於琴等参加了本书的资料收集和整理工作。

本书在修订中，我们进一步强化了岗位知识与技能，加大教学内容与岗位职业能力的对接，在第一版的基础上做了如下修订。

（1）将原有项目"鉴别纤维素纤维""鉴别蛋白质纤维""鉴别合成纤维"三部分合并，用燃烧法、化学溶解法、显微镜观察法鉴别纤维类别，更加符合实际的鉴别操作和训练过程。

（2）顺应各方对纺织品安全性关注的需要，增大纺织品安全性项目的分析。在原有项目"分析面料的外观安全性"基础上，增加"分析面料的生态安全性"项目，增加水洗尺寸变化率、pH值、甲醛含量、常见色牢度项目的测试分析。

（3）更新了相关产品标准、方法标准等，保证了新标准的解读和应用，使本书不仅服务好学生，也能服务好社会技术人员。

（4）配套相关教学项目的操作演示视频，方便学生、教师和社会人员使用。

本书编写组由来自院校和企业从事纺织、印染、纺织品检测等专业的专家和教授组成，保证了内容的针对性与合理性，能较好地对接纤维鉴别与面料分析职业标准和岗位要求，适应教、学、做一体化的项目课程教学需要。并且以纸质与视频相结合的形式，配套所有教学项目的操作演示（课程网站：http://jpkc.cztgi.edu.cn/xwhx/），方便学生、教师和社会人员使用。在编写过程中得到了各兄弟院校老师与企事业单位技术人员的大力支持，在此深表谢意。由于我们水平有限，难免有疏漏或错误，敬请读者批评指正。

编者
2017 年 3 月

目　　录

纤维鉴别与面料分析岗位认知

一、从业人员职业素养与能力要求

1. 专业知识

从事纺织、印染来样分析与检验岗位工作的人员，应了解纺织纤维、纱线、织物的基本结构和性能，结构性能与生产应用之间的关系；了解纤维及其制品的分析测试方法、测试仪器的基本原理和使用维护；熟悉新型纺织原料与产品种类、特点及市场前景等。

2. 岗位能力

① 能应用感官法（如视觉、触觉等）进行面料识别与品质检验，如毛型感、丝型感、外观疵点、表面光泽、产品风格等。

② 掌握纤维鉴别与面料分析的科学方法，能较熟练地从事相关工作，提高纤维鉴别与面料分析的实效性、准确性、可靠性和科学性。

③ 能科学地运用各种检测方法与仪器，以纺织品的用途和使用条件为基础，分析纺织品的成分、结构、理化性能等属性，以及这些性质对纺织品质量的影响，并对纺织品质量作出全面、客观、公正和科学的评价。

④ 能运用纤维材料的结构与性能分析生产与生活中的现象，并指导纺织品的生产与应用。

3. 职业精神

具有良好的职业素养和职业道德、团队合作与敬业精神，规范实践与创新理念相结合，公平公正地对纺织品质量进行客观评价，防止假劣、次品进入市场，维护生产企业、贸易企业和消费者三方的利益。

4. 工作理念

发扬吃苦耐劳的精神，细致用心、科学严谨、持之以恒，实事求是，善于总结和统计，会用数据来说话，具备对问题的敏感性和追根溯源的能力。

二、常用仪器的操作规程

(一) 常规化学器皿

在从事纤维鉴别与面料分析这项工作中,配制溶液常用的玻璃器皿有容量瓶、烧杯、量筒、量杯、滴管、试剂瓶、滴定管等,定性分析常用的玻璃器皿有试管、酒精灯、滴瓶等,定量分析常用的玻璃器皿有移液管、锥形瓶、蒸馏装置等。常用玻璃器皿的规格用途与使用说明见表 0-1。

表 0-1 纺织纤维的鉴别与分析常用玻璃器皿

名称 项目	外形	主要用途	常用规格	使用说明
容量瓶		配制溶液	25mL、50mL、100mL、150mL、250mL、500mL、1000mL	使用前应检查盖子是否密封;读数时使视线、刻度线和液体凹面底部在同一水平线
烧杯		溶解及加热处理	25mL、50mL、100mL、150mL、250mL、500mL、1000mL、2000mL	可直接加热
量筒		量取溶液	10mL、25mL、50mL、100mL、250mL、500mL、1000mL,分普通和具塞两种	读数同"容量瓶"
量杯		量取溶液	100mL、200mL、500mL、1000mL	读数同"容量瓶"

名称\项目	外形	主要用途	常用规格	使用说明
滴管		吸取少量溶液	90mm、100mm 等，分直滴管和胖肚滴管、有刻度和无刻度多种	使用前检查胶头是否完好
广口试剂瓶		存放药品或试剂	30mL、60mL、125mL、250mL、500mL、1000mL、5000mL	分棕色、白色
小口试剂瓶		存放试剂	30mL、60mL、125mL、250mL、500mL、1000mL、5000mL	分棕色、白色
滴定管		酸碱滴定	10～50mL	使用前应查漏、排气；读数同"容量瓶"
试管		盛取液体或固体试剂	10mm×100mm、12mm×100mm、15mm×150mm、18mm×180mm 等	普通试管可加热（不超过其容积的1/3），另有刻度试管和具塞试管 5～50mL

续表

项目＼名称	外形	主要用途	常用规格	使用说明
酒精灯		加热	150mL、250mL	酒精添加量不超过酒精灯容积的2/3,不少于其1/4;严禁向燃着的酒精灯内添加酒精
滴瓶		存放试剂	30mL、60mL、125mL	分棕色、白色
移液管		吸取溶液	1mL、2mL、5mL、10mL,胖肚吸管1~100mL	关注移液管末端是否标注"吹"字;读数同"容量瓶"
锥形瓶		滴定或加热处理等	100mL、150mL、250mL、500mL、1000mL	分有刻度和无刻度、可加热和不可加热、带盖和不带盖多种
蒸馏装置	温度计 出水口　进水口 水蒸气蒸馏装置	蒸馏萃取	250mL、500mL、1000mL	详见仪器安装说明与操作规程

(二) 电子天平

试验室常用的、较为精确的称量天平有电光天平和电子天平两种,根据不同的型号,称量精度从 0.01g 到 0.0001g, 可根据称量要求选择。JA2003 电子天平外形结构如图 0-1 所示。

仪器水平调整好后, 不要随意搬动位置, 否则需重新调整。连续称量时, 要养成按"TAR"键的习惯, 做到每次称量前消零或去皮。

(三) 显微镜

显微镜是用途最广泛的光学仪器之一, 它应用了光学原理的显微放大技术, 对采集的细微样品制作的标本, 进行显微技术的放大和观察, 研究微观世界的奥秘, 可广泛应用于医院做病理检验、常规化验和纺织纤维鉴别等研究领域。显微镜的型号很多, 按工作原理可分为光学显微镜和电子显微镜, 按使用目镜的数目可分为单目、双目和三目显微镜。

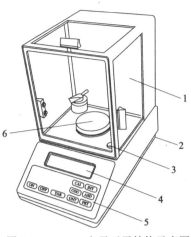

图 0-1　JA2003 电子天平结构示意图

1—侧窗; 2—水平调节脚; 3—水平仪;

4—显示器; 5—功能键; 6—秤盘

1. 结构和特点

以 XSP-BM-1C 型生物显微镜为例, 它有四个物镜, 放大倍数可达 40～1600 倍, 采用 220V/20W 亮度可调的电光源, 其外形结构如图 0-2 所示。

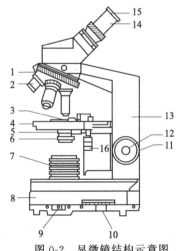

图 0-2　显微镜结构示意图

1—物镜转换器; 2—物镜; 3—玻片夹持器;

4—载物台; 5—聚光器; 6—彩虹光阑;

7—光源; 8—镜座; 9—电源开关;

10—亮度调节; 11—粗调螺旋;

12—微调螺旋; 13—镜臂;

14—镜筒; 15—目镜

2. 操作规程

① 接通电源, 开启开关到"1"并调节亮度。

② 将制作好的样品玻片放到载物台上, 旋转物镜转换器, 将低倍物镜或 10 倍物镜转入光路, 调节玻片夹持器, 左右或前后移动样品玻片, 使待观察区域在光路上。

③ 从目镜下视, 旋转粗调螺旋, 对样品调焦, 至见到试样像后, 再调节微调装置, 使试样成像清晰。

④ 如果需要更清楚地观察, 将高倍物镜或 40 倍物镜转入光路, 旋转微调螺旋便可得到清晰的物像。

⑤ 观察, 并做记录。

⑥ 使用结束, 将开关拨到"0", 拔下插头, 按仪器清洁标准操作规程进行清洁。

3. 注意事项

① 必须先把镜筒放至最低位置, 再转动粗调装置使物镜逐渐上升找出物像, 以保护物镜。

② 观察时, 两眼同时睁开, 一眼观察, 一眼照顾绘图, 并可两眼轮流使用, 以调节眼睛的疲劳。

③ 停止使用时立即切断电源以延长白炽灯的使用寿命。

（四）细度仪

纤维细度仪的核心是一套专门用于精确测量各类纤维细度并进行自动统计的显微图像分析应用软件包，通过专门设计的光学机械接口与光学显微镜产品配套成为专业的数字化纤维检测系统，是纤维质量检验部门的有力工具。

1. 结构与特点

以南通宏大实验仪器有限公司生产的 HD002C 型纤维细度仪为例。它具有图像采集、图像管理和纤维细度测量功能，直接用鼠标在显示屏上测量纤维的直径，可轻松、快捷、准确地测量多种纤维的直径及根数，计算出重量百分比及纤维线密度值。测量范围 1～200μm，精度 0.1μm，图像分析系统见图 0-3。

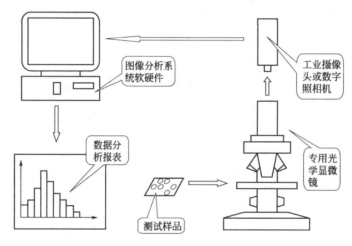

图 0-3　HD002C 型纤维细度仪图像分析系统

2. 纤维含量实验操作规程

① 鼠标点击控制台"输入操作者"按钮来输入操作人名称（必须输入），实验界面见图 0-4。

② 鼠标点击控制台"选择纤维种类"框，选出几种待测的纤维名称。

③ 在"总数上限"和各"实测上限"中输入测量纤维数的最大值（不是必须）。

④ 鼠标点击控制台"经纱/纬纱"按钮，输入对应的样品重量（若无须分经纱/纬纱测量，则不必输入）。

⑤ 在图像采集窗口中点击鼠标右键可使窗口中的图像在动态和冻结状态间转换。

⑥ 在冻结状态下，可测量纤维直径。具体方法如下。

a. 移动光标到待测纤维的一侧，点击左键。

b. 移动光标到待测纤维的另一侧，再点击左键，此时测出的纤维直径值已显示在控制台的"直径"栏中。

c. 要输出此纤维直径到数据表只需在键盘上按与纤维种类对应的数字键即可。

d. 上一次数字键确定的纤维种类可直接作用于下一次的测量，即如果本次测量的纤维与前次测量的纤维是同种类，则无须再按数字键；如需改变种类再按对应的数字键。

⑦ 在活动状态下，可直接输出纤维种类记数，即只需在键盘上按与纤维种类对应的数字键。

⑧ 要撤销本次数据输出，只需用鼠标点击控制台的"恢复"按钮。

3. 纤维直径实验操作规程

启动纤维直径实验功能后屏幕上会出现空白的专用"纤维直径实验"数据表窗口（图 0-5），最小化数据表窗口后可看到屏幕左边是采集窗口，右边是操作控制台。

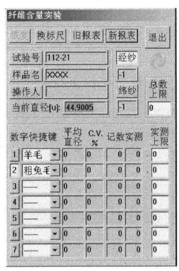

图 0-4　纤维含量实验界面

 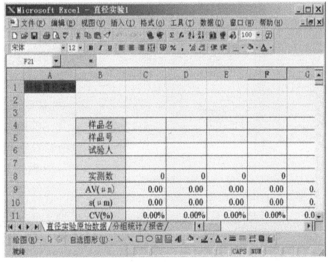

图 0-5　纤维直径实验操作界面

① 鼠标点击控制台"数字快捷键"栏目下的任一数字按钮来输入操作人名称。

在各"实测上限"中输入测量纤维数的最大值。

② 在图像采集窗口中点击鼠标右键可使窗口中的图像在动态和冻结状态间转换，在冻结状态下，可测量纤维直径。具体方法同上述2⑥。

4. 注意事项

① 开始任何一个实验时都必须先输入操作人名称，标尺文件要与正在使用的镜头对应。

② 测量直径时尽量将纤维的两边缘调成清晰的黑色，测量线不要跨过干扰点。

③ 不要同时打开两份以上的"CU—2 纤维细度仪"程序。

④ 测量完一个样品后注意保存数据文件（测量过程中也可保存），在测量过程中如使用了中文输入法，注意在输入后及时转换回英文状态。

（五）织物拉伸强力仪

织物拉伸强力仪主要用于测定各种织物的断裂强力、断裂伸长率。其型号较多，如 YG028 型万能材料试验机、YGO26PC 型多功能电子织物强力机、HD026N 型多功能电子织物强力仪等。常用的是等速伸长（CRE）试验仪。

1. 结构和特点

以 HD026H 型电子织物强力仪为例，其外形结构如图 0-6 所示。

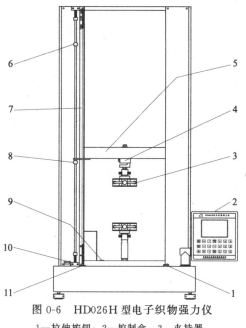

图 0-6　HD026H 型电子织物强力仪

1—拉伸按钮；2—控制盒；3—夹持器；
4—传感器；5—横梁；6—上限位；
7—标尺；8—下限位；9—水平泡；
10—急停按钮；11—电源开关

主要参数如下。

隔距长度：25～500mm（数字设定）。

最大伸长：600mm。

拉伸速度：10～400mm/min（数字设定）。

预加张力方式：外置加码和内置智能设定。

2. 操作规程

（1）试验参数设定　在进入到"试验参数设置"界面后，光标指向选定的项目，可以用 → 键移动闪烁"—"光标；如在数字下，光标"—"将会移动到下一位数字下；用数字键修改该位数值后，光标"—"将会自动移动到下一位数值下。

每设置完一项参数后，可按↑或↓键来选定将要设置的项目，在光标 ☞ 移动到最下端或最上端一项时，如再按↑或↓键界面变换到另一设置界面。

试验参数设置完成后，按 ↵ 键退到"功能设置主菜单"，如要回到工作界面，请再按一次 ↵ 键。

（2）自动隔距校正　在工作状态下，按 SET 键进入到"功能设置主菜单"，按↓键使光标指向"自动隔距校正"项，按 SET 键进行确认。

在自动隔距校正时，上夹持器首先向下移动；遇到下基准位，上夹持器停止片刻后向上移动；当到达设定的隔距后，上夹持器停止，界面回到"功能设置主菜单"。

（3）测试　试验参数设置完成后，按两次 ↵ 键，回到工作界面，这时就可以开始测试了。如试验参数与上次的设置相同可以直接进行测试。

装夹好试样，先夹紧上夹持器，然后将试样穿过下夹持器，引到预加张力夹上，按启动键启动，上夹持器向上移动，跟踪力值显示实时的力值。当试样断裂后，上夹持器稍作停顿后自动向下回到设定的隔距处。

3. 注意事项

① 铗钳应能握持试样而不使试样打滑，铗钳面平整，不剪切或破坏试样。但如果使用平整铗钳不能防止试样的滑移时，应使用其他形式的夹持器。夹持面上可使用适当的衬垫材料。

② 如张力夹值大于仪器内置的预加张力值，则内置的张力值不起作用，张力夹值根据试样的克重按国家标准来选择。

（六）织物撕裂强力仪

织物撕裂强力仪主要用于测定各种纺织面料的撕破强力。即试样固定在夹具上，通过突然施加一定大小的力，将试样切开一个切口，测量从织物上切口单缝隙撕裂到规定长度所需要的撕破力。有数字式织物撕裂仪和落锤式织物撕裂仪。

1. 结构和特点

以 YG033A 型落锤式织物撕裂仪为例，其测量范围为 0～64N，一只夹具可动，另一只固定在机架上，摆锤受重力作用落下，移动夹具附在摆锤上，试验时摆锤撕破试样但又不与试样接触，固定夹具装在机架上，为了允许小刀通过，两夹具间分开 3mm±0.5mm，校准两夹具的夹持面，使被夹持的试样位于平行摆锤轴的平面内，仪器外形结构如图 0-7 所示。

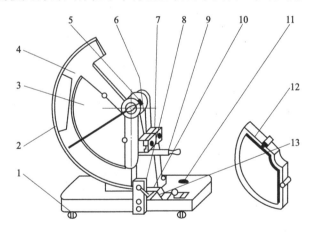

图 0-7　YG033A 型落锤式织物撕裂仪外形结构示意图

1—水平调节螺钉；2—力值标尺；3—小增重锤 A；4—扇形锤；5—指针调节螺钉；6—动夹钳；7—固定夹钳；
8—止脱执手；9—撕破刀把；10—扇形锤挡板；11—水平泡；12—大增重锤 B；13—指针挡板

2. 操作规程

① 调整水平调节螺栓，使仪器在水平状态。

② 用坐标纸或普通纸模拟织物夹好后，拉动撕裂刀把，试样切口长度应为 20mm±

0.2mm。如果切口长度达不到要求，应调整刀片位置，使之符合要求为止。

③ 竖起扇形锤，使扇形锤定位，将指针靠紧指针挡板，按下止脱执手使扇形锤自由落下，在扇形锤回摆时用手抓住扇形锤，勿使指针受到干扰，指针应停在"0"位上。如有偏差应调整指针调节螺钉，然后再重复上述方法，使指针能正确对准"0"位为止。

④ 试样样板按国家标准要求裁取试样。

⑤ 竖起扇形锤，使扇形锤定位，将指针靠紧指针挡板。装好试样，拧紧两夹钳螺母，试样的上部保持自由，并朝向扇形锤，拉动撕裂刀把剪开 20mm 长度切口。

⑥ 拉动止脱执手，使扇形锤自由落下，使试样全部撕裂，并在回摆时用手抓住扇形锤，目测指针读数，并记录数据。

3. 注意事项

① 选择摆锤的质量，使试样的测试结果落在相应标尺满量程的 15％～85％ 范围内。

② 校正仪器的零位，将摆锤升到起始位置。

③ 当摆锤回摆时握住，以免破坏指针的位置。

（七）织物顶破强力仪

织物顶破强力仪主要用于测定针织物、机织物的顶破强力。即将试样夹持在固定基座的圆环试样内，圆球形顶杆以恒定的移动速度垂直地顶向试样，使试样变形直至破裂，测得顶破强力。常用等速伸长试验仪（CRE）有 YG031DC 型织物弹子顶破强力机、HD031NE 型电子织物破裂强力仪、YG(B)031S 型弹子顶破强力机等。

1. 结构和特点

以 HD031NE 型电子织物破裂强力仪为例，它的测量范围为 0～5000N，顶破速度为 50～300mm/min（数字分档设定），液晶中文菜单显示各项设置参数和测试值，环形夹持器内径 45mm±0.5mm，表面有同心沟槽以防止试样滑移。顶杆的头端为抛光钢球，球的直径为 38mm±0.02mm。仪器外形结构如图 0-8 所示。

2. 操作规程

① 仪器自检结束后，自动进入到工作状态，按 SET 键进入设置菜单，设置菜单共有两个界面，界面如下。

<table>
<tr><td>试验参数设置（1）</td><td>试验参数设置（2）</td></tr>
<tr><td>

试验次数：05
拉伸速度：300（mm/min）
钢球直径：38（mm）

</td><td>

位移测试
力值校正（1000cN 标准砝码）
力值校正（1000N 标准砝码）
出厂设置参数自动恢复

</td></tr>
</table>

② 每设置完一项参数后，再按 ↑ 或 ↓ 键来选定将要设置的项目，在闪烁状态移动到最下端或最上端一项时，如再按 ↑ 或 ↑ 键，界面切换到另一设置界面，如原在"试验参数设置（1）"将切换到"试验参数设置（2）"。

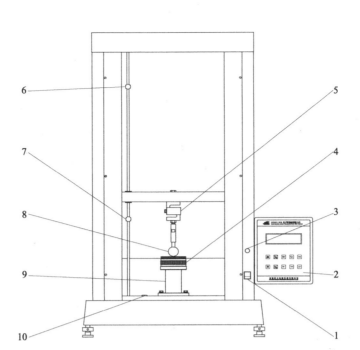

图 0-8　HD031NE 型电子织物破裂强力仪外形结构示意图

1—电源开关；2—控制盒；3—启动按钮；4—夹样器；5—力值传感器；6—上限位；

7—下限位；8—顶破钢球；9—夹样器支座；10—水平泡

③ 试验参数设置完成后，按一次 ⏎ 键回到工作界面，这时就可以开始测试了。如试验参数与上次的设置相同，可以直接进行测试。

④ 将试样装入夹样器夹紧，然后把夹样器放到夹样器支座上定位。按启动键启动，顶破头向下移动，跟踪力值显示实时的力值。

⑤ 当试样被顶破后，横梁稍作停顿后自动向上回到起始位置，"破裂强力"显示一栏中显示最大的破裂强力，"顶破伸长"显示一栏中显示顶破伸长值。

3. 注意事项

① 将试样反面朝向顶杆，夹持在夹持器上，保证试样平整、无张力、无折皱。

② 选择力的量程，使输出值在满量程的 10%～90%，设定试验机的速度为 300mm/min ±10mm/min。

（八）织物胀破强力仪

织物胀破强力仪主要用于测定针织物、机织物的破裂强度。即将试样置于胶膜上，然后均匀地施加压力，使试样与胶膜一起自由凸起，直至试样破裂为止，施加气压最大值就是试片耐破强度值。常用织物胀破强力仪有 NB8—YG032N 型、ZN17—YG032N 型、YG032N 型等织物胀破强力仪。

1. 结构和特点

以 YG032N 型自动织物胀破强力仪为例，其外形结构如图 0-9 所示。它是采用液压递增法原理，使用先进的微电脑检测控制系统和数字信号处理技术测定试样耐破度，试料破裂时自动保留最大破裂强度值。测试范围可达 250～5600kPa，胶膜阻力值可达 170～220kPa，胶膜凸起高度达 18mm，试样夹持力大于 690kPa（可调节）。

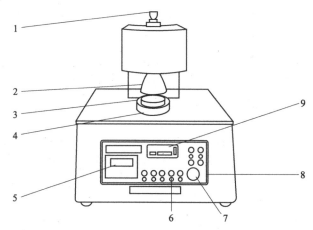

图 0-9　YG032N 型自动织物胀破强力仪外形结构示意图

1—甘油杯；2—上压盘；3—下压盘；4—压盘；5—微型打印机；6—操作按键区；

7—急停开关；8—电源开关；9—显示屏

2. 操作规程

① 接通电源，打开电源开关后电源指示灯亮。

② 通电大约 30s 后显示器自动进入测试状态，即为 0.00 显示，此时显示器不再跳动。

③ 检查油杯的顶针是否锁紧，如果没有锁紧必须将其锁紧；检查气源是否漏气，如果漏气必须将气源调节良好方能测试。

④ 按下清零，确保显示器显示为 0.00 后，再按下峰值键。

⑤ 一切准备好后，按下电动机启动按钮，气缸向下压住试验样品，5s 后加压电动机自动运转加压。

⑥ 当测试试片破裂后，显示器上显示最大压力值，此时仪器气缸会自动上升，加压电动机快速退压。

⑦ 注意不要关掉电源开关。

⑧ 当最大值保留时，按功能键两次，保存最大值，按下打印键，将测试值打印出来即可。如需要力量值的单位元转换，按单位键即可转换。

⑨ 气缸回位后，取下试片。

⑩ 关掉电源开关，电源指示灯灭。

3. 注意事项

① 试验前确认甘油杯里有无甘油及橡皮膜是否损坏，甘油杯上螺栓是否拧紧。

② 打开电源开关，仪器自动进入测试状态，在做试验之前，每次必须先按下峰值按钮（PEAK 指示灯亮）后，方能测试，否则会使橡皮膜损坏。

③ 试样破裂时显示器上数值在破裂点时，会瞬间暂停一下。

（九）织物耐磨仪

织物耐磨仪对评定织物在服用过程中因摩擦而产生的磨损程度有着重要的意义。根据服用织物的实际情况，不同部位的磨损方式不同，因而织物的磨损实验仪器的种类和形式也较多，大体可分为平磨、曲磨和折磨三类。平磨是试样在平面状态下的耐磨牢度，它模拟衣服臀部与臀部的磨损状态，如 YG522N 型织物耐磨仪、YG401E 型数字式织物平磨仪。曲磨是使试样在一定的张力下测试其屈服状态下的耐磨度，它模拟衣服在膝部、肘部的磨损状态。折磨是测试织物折叠处边缘的耐磨牢度，它模拟领口、衣袖与裤脚边的磨损状态。三种试验仪的试验条件各不相同，其实验结果不能相互代替。

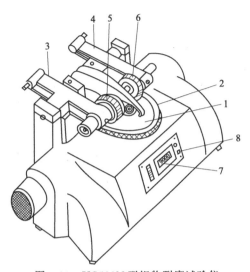

图 0-10　YG522N 型织物耐磨试验仪
外形结构示意图

1—试样；2—工作圆盘；3—左方支架；
4—右方支架；5—左方砂轮磨盘；
6—右方砂轮磨盘；7—计数器；8—开关

1. 结构和特点

YG522N 型织物耐磨试验仪属于平磨仪，其外形结构如图 0-10 所示。它是将织物试样固定在直径为 100mm 的工作圆盘上，圆盘以 60 r/min 做等速回转运动，在圆盘的上方有两个支架，在两个支架上分别有两个砂轮磨盘在自己的轴上转动，试样与两个砂轮磨盘接触并做相对运动，使试样受到多方向的磨损，在试样上形成一个磨损圆环。对试样的压力可根据支架上的负荷加以调节，加压臂自重为 250g，可根据测试要求增减砝码。仪器附有不同磨损强度的砂轮圆盘，并装有吸尘装置用以自动清除试样表面的磨屑。

2. 操作规程

① 将准备好的试样装在工作圆盘上，用内六角扳手旋紧圆箍上的螺丝，然后将垫片压在试样上面的中心，并将螺帽旋紧。

② 选择适当的压力（125g、250g 或 1000g）对试样加压。

③ 选择适宜的砂轮作为磨料。

④ 在计数器上设置好需要试验的转数。

⑤ 将吸尘器的吸尘软管插在耐磨机上。

⑥ 分别插上耐磨机、吸尘器的电源插头，开启电源开关，即可开机。开机时吸尘器同时开启。

⑦ 试验结束关闭电源开关，停车后将"加压臂、吸尘管"抬起，取下试样换上新的试样，清理砂轮后，可继续进行试验。

⑧ 评定试验结果，可用各专业标准对比决定。

3. 注意事项

① 测试时需调节吸尘管高度，一般以高出试样 1～1.5mm 为宜。

② 夹紧试样的圆箍有三种，分别为 φ90mm、φ92mm、φ93.5mm，根据织物厚薄来选用。

（十）织物起毛起球仪

织物在日常穿着、使用洗涤过程中不断经受摩擦，织物表面的纤维端由于摩擦滑动而松散露出织物表面，并呈现出毛绒，若这些毛绒在继续穿用中不能及时脱落，又继续经受摩擦卷曲而互相纠缠在一起，被搓揉成许多毛球。织物起毛起球会影响织物外观质量，降低织物的服用性能，起毛起球已成为评定织物服用性能的主要指标之一。常用测试仪器有 YG511L 型织物箱式起球仪、YG502N 型起毛起球仪、YG401 型织物平磨仪等。

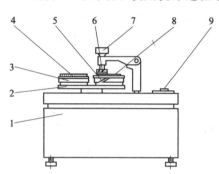

图 0-11　YG502N 型织物起毛起球仪
外形结构示意图

1—机体；2—磨台旋转活动架；
3—尼龙刷高度调节螺母；4—尼龙刷；
5—磨料夹；6—试样夹头；7—重锤；
8—磨料；9—控制面板

1. 结构和特点

以 YG502N 型织物起毛起球仪为例，其外形结构如图 0-11 所示。起毛刷的尼龙丝直径为 0.3mm，尼龙丝的刚性均匀一致，刷面平齐并装有调节板，可调节尼龙丝的有效高度，从而控制尼龙刷的起毛效果。试样夹头与磨台做相对垂直运动，其过程均为 40mm±1mm，试样夹头与磨台质点相对运动的轨迹为 40mm±1mm 的圆，相对运动速度为 60r/min±1r/min，式样夹环内径 90mm±0.5mm，夹头能对试样施加压力。

2. 操作规程

（1）起毛试验

① 将试样正确牢固地装在试样夹头上。

② 按标准规定，调整试样夹头加压重锤，并设置摩擦次数。

③ 放下试样夹头，使试样与毛刷平面接触。

④ 按下启动键，仪器开始运转，当到达预置次数时，仪器停止工作，一次起毛试验完成。

⑤ 取下试样进行评级。

（2）起球试验

① 将磨台提起，转动 180° 后放下，使磨料处在工作位置。

② 放下试样夹头，使试样与磨料平面接触。

③ 按下启动键，仪器开始运转，当到达预置次数时，仪器停止工作，一次起球试验完成。

④ 取下试样进行评级。

3．注意事项

① 试验完毕后，切断电源，清洁磨台周围纤维屑。
② 应注意产品的规格与平方米重量。

（十一）织物弹性回复仪

织物弹性回复仪主要用于测定纺织品的抗皱防皱能力，常以折皱回复性的优劣衡量树脂整理产品的质量。测试方法有垂直法和水平法两种，我国常用垂直法，国际上多采用水平法，如ISO 2313和美国 AATCC66 号方法是水平法的代表。

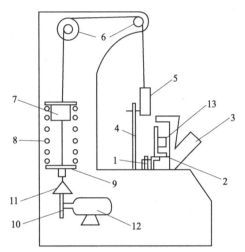

图 0-12　YG541 型折皱弹性仪外形结构示意图

1—支撑电磁铁；2—试样翻板；3—光学投影仪；
4—重锤导轨；5—重锤；6—滑轮；7—电磁铁；
8—弹簧；9—电磁铁闷盖；10—传动链轮；
11—三角形顶块；12—电动机；13—试样

1．结构和特点

垂直法测定折皱回复角时，试样的痕线与水平面是相互垂直的。我国广泛采用的是 YG541型、YG541D 型等折皱弹性仪，后者测试数据可直接打印输出。它们可以同时测试 10 只试样。YG541 型折皱弹性仪结构如图 0-12 所示。

2．操作规程

① 取平整布样（应无折痕弯曲或变形部位）一块，剪取具有代表性的试样 10 只（五经、五纬），如图 0-13 所示。试样承压面积为 15mm×18mm。

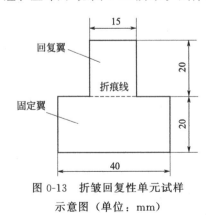

图 0-13　折皱回复性单元试样
示意图（单位：mm）

② 10 只试样依次将其固定翼装入试样夹内，使试样的折叠线与试样夹的折叠线标记线重合，沿折叠线对折试样，不要在折叠处施加任何压力。

③ 在对折好的试样上放上透明压板及 10N（1.019kg）重锤，压板中心、重锤的中心须与试样有效承压面积的中心相重合，如图 0-14 所示。

④ 压 5min 后去除重锤，使试样夹持器连同压板一起翻转 90°，随即卸去压板，测定 15s 和 5min 时的急、缓折皱回复角。如试样回复翼有轻微弯曲或扭转，应以挺直部分的中心线为基准，如图 0-15 所示。

⑤ 计算经、纬向折皱回复角的平均值至小数点一位，按 GB/T 8170—2008 规定修约至整数，以经、纬向折皱回复角之和来表示总折皱回复角。

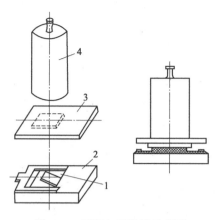
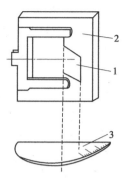

图 0-14 试样加压装置示意图

1—试样；2—试样夹；3—压板；4—重锤

图 0-15 垂直法折皱回复角测量示意图

1—试样；2—试样夹；3—量角器

3. 注意事项

① 仪器应放置平稳，使用环境无明显震动源。

② 仪器在正常运行过程中，切忌人为给力加压或释压，以免影响测试结果。

（十二）耐摩擦色牢度仪

耐摩擦色牢度仪用于纺织品、针织品、皮革等材料摩擦牢度的测定。

1. 结构和特点

耐摩擦色牢度仪的型号较多，以 Y571D 型多功能色牢度摩擦仪为例，设备的结构如图 0-16 所示。耐摩擦色牢度仪有两种可选尺寸的摩擦头，用于绒类织物的是长方形摩擦表

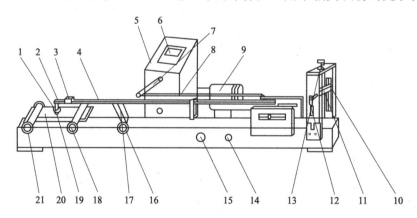

图 0-16 Y571D 型多功能色牢度摩擦仪外形结构图

1—套圈；2—摩擦头球头螺母；3—重块；4—往复扁铁；5—减速箱；6—计数器；

7—曲轴；8—连杆；9—电动机；10—压轮；11—滚轮；12—摇手柄；

13—压力调节螺钉；14—启动开关；15—电源开关；16—撑柱捏手；

17—撑柱；18—右凸轮捏手；19—摩擦头；20—试样台；21—左凸轮捏手

面的摩擦头，尺寸 19 mm×25.4mm；用于其他纺织品的是直径为（16±0.1)mm 的圆柱体摩擦头。

2. 操作规程

① 打开电源开关，设定计数器的摩擦次数。

② 将试样平放在摩擦色牢度仪测试台上，将试样固定。用干的试验白布包裹住摩擦头，并用"摩擦头紧固圈"固定在摩擦头上，在紧固时使摩擦布的经向运行方向与摩擦头一致。

③ 按"启动"键，摩擦头在试样上作往返复直线运动至设定次数后自停，分别将试样的经向和纬向进行试验后，干摩擦试验结束。

④ 当测试有多种颜色的纺织品时，实验前可前后拉动测试台，测试台可沿滑轨前后移动位置，方便选择试样的位置，使所有颜色都被摩擦到。

⑤ 试验完毕用灰色样卡评定摩擦布的沾色。

⑥ 湿摩擦试验时，先把一块干试验白布用三级水浸透取出，经小轧液辊挤压，使摩擦布润湿，用上述方法进行试验。摩擦试验结束后，将湿摩擦布放在室温下干燥。

(十三) 耐汗渍色牢度仪

耐汗渍色牢度仪主要用于各类有色纺织品耐汗渍、耐水、耐唾液、耐海水等色牢度的试验。

1. 结构和特点

YG(B)631型耐汗渍色牢度仪的结构示意图如图 0-17 所示，由重锤、弹簧压架、夹板、紧定螺钉、座架等组成。

Y(B)902型耐汗渍色牢度烘箱如图 0-18 所示，烘箱设定的测试温度和时间可根据表 0-2 选择。一般选用普通烘干模式。

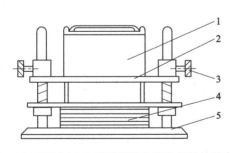

图 0-17　YG(B)631型耐汗渍色牢度仪结构示意图　　图 0-18　Y(B)902型耐汗渍色牢度烘箱外形
1—重锤；2—弹簧压架；3—紧定螺钉；4—夹板；5—座架

表 0-2　汗渍色牢度烘箱温度选择

模　式	温　度	精　度	烘干时间	停止测试	提　示
普通烘干	37℃	±2℃	4h	自动	警音
快速烘干	70℃	±2℃	1h	自动	警音

2. 操作规程

① 根据实验标准要求，按下耐汗渍色牢度烘箱的"启动"键，设备开始加热（加热指示灯亮）。达到所设定温度后，加热指示灯灭。恒温所设定温度 2min 后，仪器响起警音，提醒放试样。

② 将预先准备好的组合试样在室温条件下置于试验液中完全浸湿，倒去溶液后，将组合试样夹放在试样板（塑料夹板）中间，然后一起放入座架和弹簧压架之间，随即在弹簧板上放置重锤，紧定螺钉拧紧后，移去重锤。

③ 打开烘箱仓门，将带有组合试样的装置放入接水盘中，再一起放入恒温箱，关好仓门。按下"启动"键，仪器开始计时。

④ 在规定条件下（如 37℃±2℃，12.5kPa）压放 4h 后，仪器报警并自动停止，取出组合试样，展开后将其悬挂在不超过 60℃ 的空气中干燥。

⑤ 用灰色样卡评定试样的变色和贴衬织物的沾色。

三、常用溶液的配制与标定

定量分析所用化学试剂均为分析纯（AR），配制溶液用蒸馏水（或去离子水）。

(一) 75%硫酸溶液

1. 溶液配制

在冷却条件下，将 700mL 浓硫酸（密度为 1.84g/mL）小心缓慢地加入到 350mL 蒸馏水中，边加边搅拌，待溶液冷却至室温后，加蒸馏水至 1000mL。

或在冷却条件下，将 1000mL 浓硫酸（密度 1.84g/mL）慢慢加入到 570mL 蒸馏水中，边加边搅拌，冷却至室温。

硫酸溶液浓度允许范围在 73%～77%（质量分数）。

2. 溶液标定

用移液管吸取硫酸溶液 3mL 左右（约 5g），置于已知重量的锥形瓶中称重（精确至0.0001g），加蒸馏水 100mL，加酚酞指示剂数滴，以 1.0mol/L 氢氧化钠溶液滴定，滴至溶液呈淡红色为止。按下面公式计算硫酸的浓度（%）。

$$硫酸浓度(\%) = \frac{\frac{98.08}{2000}CV}{G} \times 100 = \frac{0.049V}{G} \times 100$$

式中　G——吸取硫酸溶液的质量，g；

　　　C——氢氧化钠溶液的浓度，mol/L；

　　　V——耗用氢氧化钠溶液的体积，mL。

(二) 硫酸溶液

1. 50％硫酸溶液配制

在冷却条件下，将 400mL 浓硫酸（密度为 1.84g/mL）缓缓加入到 500mL 蒸馏水中，边加边搅拌，冷却至室温。

2. 59.5％硫酸溶液配制

在冷却条件下，将 840mL 浓硫酸（密度为 1.84g/mL）缓缓加入到 1000mL 蒸馏水中，边加边搅拌，待溶液冷却至室温后，调整密度到 1.4902~1.4956g/mL（20℃）。

3. 60％硫酸溶液配制

在冷却条件下，将 500mL 浓硫酸（密度为 1.84g/mL）缓缓加入到 582mL 蒸馏水中，边加边搅拌，待溶液冷却至室温后，调整密度到 1.498g/mL。

溶液标定方法见前述"75％硫酸溶液"。

(三) 20％盐酸溶液

1. 溶液配制

将 1000mL 浓盐酸（20℃，密度为 1.19g/mL）缓慢加入到 800mL 蒸馏水中，待冷却到 20℃时再加入蒸馏水，修正其密度至 1.095~1.100g/mL。

浓度控制在 19.5％~20.5％。

2. 溶液标定

用移液管吸取盐酸溶液 4mL 左右（约 5g）置于已知重量的锥形瓶中称重（精确至0.0001g），加蒸馏水 100mL，加酚酞指示剂数滴，以 0.1mol/L 氢氧化钠溶液滴定，滴至溶液呈淡红色为止。按下面公式计算盐酸的浓度（％）。

$$盐酸浓度（％）=\frac{\frac{36.5}{1000}CV}{G}\times100=\frac{0.00365V}{G}\times100$$

式中　G——吸取盐酸溶液的质量，g；

　　　C——氢氧化钠溶液的浓度，mol/L；

　　　V——耗用氢氧化钠溶液的体积，mL。

(四) 80％甲酸溶液

1. 溶液配制

将 880mL 浓甲酸（质量分数为 90％，密度为 1.204g/mL）用蒸馏水稀释至 1000mL。或将 780mL 浓甲酸（质量分数为 98％~100％，密度 1.220g/mL）用蒸馏水稀释至 1000mL。

甲酸溶液的浓度允许在 77％～83％（质量分数）范围内。

2. 溶液标定

用移液管吸取甲酸溶液 5mL 置于已知重量的锥形瓶中称重（精确至 0.0001g），加蒸馏水 100mL，加酚酞指示剂数滴，以 0.1mol/L 氢氧化钠溶液滴定，滴至溶液呈淡粉色为止。按下面公式计算甲酸浓度（％）。

$$甲酸浓度(\%)=\frac{\frac{46.03}{1000}CV}{G}\times100=\frac{0.004603V}{G}\times100$$

式中　G——吸取甲酸溶液的质量，g；

　　　C——氢氧化钠溶液的浓度，mol/L；

　　　V——耗用氢氧化钠溶液的体积，mL。

（五）甲酸/氯化锌溶液

取 20g 无水氯化锌（质量分数大于 98％）和 68g 无水甲酸，加蒸馏水至 100g。或称取 100g 的氯化锌溶解于 316mL 的 88％甲酸中，再加入 13.5mL 的蒸馏水，充分混合，配制成甲酸/氯化锌溶液。

注意：此试剂有害，使用时宜采取妥善的防护措施。

（六）锌酸钠溶液

1. 锌酸钠（储备溶液）

将 180g 氢氧化钠溶解在 180～200mL 蒸馏水中，在不断搅拌下逐渐加入 80g 氧化锌，同时慢慢地加热溶液，当氧化锌全部加入后，加热溶液至微沸腾，继续加热直到溶液变澄清或略有混浊，加入 20mL 蒸馏水，充分搅拌冷却至室温。将溶液移入 500mL 容量瓶中，加蒸馏水至刻度。

使用锌酸钠溶液前，用孔径为 40～90μm 的烧结玻璃过滤器过滤溶液。

2. 锌酸钠稀溶液（工作溶液）

精确量取 1 份的锌酸钠储备液（经过滤），在搅拌下加入 2 倍的蒸馏水，充分混合，并在 24h 内使用。

（七）1mol/L 碱性次氯酸钠溶液

1. 溶液配制

在 1000mL 浓度为 1mol/L 的次氯酸钠溶液中加入 5g 氢氧化钠（使其含量为 5g/L± 0.5g/L），待溶解后用碘量法标定，使其浓度在 0.9～1.1mol/L 范围。

2. 溶液标定

用移液管吸取次氯酸钠溶液 2mL 置于锥形瓶中，加 100～150mL 蒸馏水，10％无色碘化钾溶液 20～25mL，10％硫酸 10～15mL，立即以 0.1mol/L 硫代硫酸钠溶液滴定，待溶液呈淡黄色时加入 3～4mL 淀粉指示剂，继续滴定至溶液蓝色消失为止。按下面公式计算次氯酸钠溶液的浓度。

$$C_1 = \frac{C_2 V_2}{V_1} = 0.05 V_2$$

式中　C_1——次氯酸钠溶液的浓度，mol/L；

　　　C_2——硫代硫酸钠溶液的浓度，mol/L；

　　　V_1——吸取次氯酸钠溶液的体积，mL；

　　　V_2——耗用硫代硫酸钠溶液的体积，mL。

（八）氢氧化钠溶液

1. 2.5％氢氧化钠溶液配制

将 25g 氢氧化钠溶入 975mL 蒸馏水中，搅拌均匀，使其充分溶解。

2. 5％氢氧化钠溶液配制

将 52.8g 氢氧化钠投入 1000mL 蒸馏水中，搅拌均匀，使其充分溶解。或将 50g 氢氧化钠投入 950mL 蒸馏水中，搅拌均匀，使其充分溶解。

（九）稀氨水溶液

硫酸法、甲酸法用稀氨水溶液：取 80mL 浓氨水（密度为 0.880g/mL）加蒸馏水稀释至 1000mL。

甲酸/氯化锌法用稀氨水溶液：取 20mL 浓氨水（密度为 0.880g/mL）用蒸馏水稀释至 1000mL。

锌酸钠法、硫酸法（溶丝）用稀氨水溶液：取 200mL 浓氨水（密度为 0.880g/mL），用蒸馏水稀释至 1000mL。

（十）稀乙酸溶液

锌酸钠法用稀乙酸溶液：取 50mL 冰乙酸，用蒸馏水稀释至 1000mL。

次氯酸盐法用稀乙酸溶液：吸取 5mL 冰醋酸，加蒸馏水稀释至 1000mL。

（十一）$C(NaOH) = 1mol/L$ 氢氧化钠标准溶液

1. 溶液配制

将刚煮沸过的蒸馏水（称无二氧化碳的蒸馏水）约 200mL 置于 500mL 的烧杯中，称取 42g 氢氧化钠迅速放入水中，用玻璃棒轻轻摇匀以至溶解。移入 1L 容量瓶中，用无二氧化碳的蒸馏水稀释至刻度，摇匀后待标定。

2. 溶液标定

称取 3g（精确至 0.0001g）于 105～110℃烘至恒重的基准邻苯二甲酸氢钾，置于

250mL 锥形瓶中，加 80mL 无二氧化碳的蒸馏水使其溶解。加入 2 滴酚酞指示剂 (10g/L)，用待标定的氢氧化钠溶液滴定至粉红色。同时做空白试验，分别记录耗用氢氧化钠溶液的毫升数。用下式计算氢氧化钠标准溶液的浓度 C(mol/L)。

$$C(NaOH) = \frac{m}{(V_1 - V_2) \times 0.2042}$$

式中　m——邻苯二甲酸氢钾的质量，g；

　　　V_1——氢氧化钠溶液的用量，mL；

　　　V_2——空白试验氢氧化钠溶液的用量，mL；

　0.2042——与 1mL 氢氧化钠标准溶液 [C(NaOH) = 1mol/L] 相当的，以克数表示的邻苯二甲酸氢钾的质量。

3. 操作说明

重复标定两次，两次相对误差不得超过 0.2%。其他浓度氢氧化钠标准溶液的配制方法同 1mol/L 氢氧化钠标准溶液，相关溶液及基准物用量见表 0-3。

表 0-3　不同浓度氢氧化钠标准溶液的配制参考

C(NaOH)/mol · L^{-1}	氢氧化钠饱和溶液/mL	基准邻苯二甲酸氢钾/g	无二氧化碳的蒸馏水/mL
1	52	6	80
0.5	26	3	80
0.1	5	0.6	50

(十二) $C(Na_2S_2O_3) = 0.1mol/L$ 硫代硫酸钠标准溶液

1. 溶液配制

称取 25g 硫代硫酸钠 ($Na_2S_2O_3 \cdot 5H_2O$) (或 16g 无水硫代硫酸钠)，溶于 1L 无二氧化碳、冷却的、加有 0.1g 无水碳酸钠的蒸馏水中，搅匀使其溶解，移入棕色磨口试剂瓶中密封保存，1 天后标定。

2. 溶液标定

称取 0.15g (精确至 0.0001g) 于 120℃烘至恒重的基准重铬酸钾，放入 500mL 碘量瓶中，注入 25mL 蒸馏水溶解。加 2g 碘化钾和 20% 硫酸溶液 20mL，摇匀后置于暗处放置 10min。取出后，加冷蒸馏水 150mL。然后用待标定的硫代硫酸钠溶液滴定。当滴至溶液呈黄绿色时，加 3mL 淀粉指示剂 (5g/L)，继续滴至溶液由蓝色变成亮绿色。同时做空白试验，分别记录硫代硫酸钠溶液耗用毫升数。按下式计算硫代硫酸钠标准溶液的浓度 C(mol/L)。

$$C(Na_2S_2O_3) = \frac{m}{(V_1 - V_2) \times 0.04903}$$

式中　m——重铬酸钾的质量，g；

V_1——硫代硫酸钠溶液的用量，mL；

V_2——空白试验硫代硫酸钠溶液的用量，mL；

0.04903——与 1.00mL 硫代硫酸钠标准溶液 $[C(Na_2S_2O_3)=1.000mol/L]$ 相当的，以克数表示的重铬酸钾的质量。

项目一 识别纺织品的类别

一、任务书

单元任务	(1)识别棉、毛、丝、麻、化纤织物 (2)识别机织物、针织物与非织造布 (3)识别色织物、印花织物、提花织物	参考学时	3~6
能力目标	(1)能初步判断棉、毛、丝、麻、化纤织物，并能区分精纺与粗纺毛织物 (2)能正确识别机织物、针织物与非织造布，并能区分经编与纬编织物 (3)能正确识别色织物、印花织物、提花织物		
教学要求	(1)从各类纺织品的风格着手介绍各类纺织品的外观特征及其用途 (2)教会学生综合运用看、摸、揉、拉、听、嗅等方法区别大类纺织品 (3)以学生团队为单位训练、指导、鉴定 (4)引导学生关注生活中的纺织品与市场应用情况		
方法工具	(1)采用感观分析法判断织物类别 (2)运用实践体验法积累判断经验 (3)采用团队合作、市场调研等手段收集面料资源 (4)教学资源：各类纺织品		
提交成果	调研资料、分析报告		
主要考核点	(1)面料资源收集整理情况 (2)分析方法的合理性和结果的准确性 (3)团队合作及参与度		
评价方法	过程评价＋结果评价		

二、知识要点

（一）纺织品的分类

纺织品狭义的概念为织物或面料，指由纺织纤维或纱线制成的、柔软而具有一定力学性质和厚度的制品，一般分为机织物、针织物和非织造布三大系列。广义的概念是指从纺纱→织造→制成品，包括纱线、织物、服装、手套、袜子、帽子、毯子、布艺、绳带、箱包、床单、毛巾等产品。

纺织品的分类方法很多，常见的有如下几种。

1．按纺织品的应用领域分类

（1）服用纺织品　指用于服装加工的织物。主要分为面料、里料、辅料等。

（2）家用纺织品　指用于美化、装饰人们生活环境的实用性纺织品。如窗帘、床上用品、桌布、毛巾等。

（3）产业用纺织品　指经过专门设计的、具有工程结构特点的纺织品。如汽车内饰、人造血管、土工布、轮胎帘子线、筛网等，它具有技术含量高、附加值高、产业渗透面广等特点。

2．按织物形成的方法分类

（1）机织物　也称梭织物，是由相互垂直的经纱和纬纱，在织机上按一定的规律交织而成的织物。最大的特点是结构稳定、布面平整、外观挺括。

（2）针织物　是指由一根或一组纱线，在纬编（或经编）机上用织针将纱线形成线圈，并把线圈相互套串成的织物。它为分纬编织物和经编织物两大类。最大特点是手感松软，延伸性好，但易钩丝、起毛起球。

（3）非织造布　是指由纺织短纤维或长丝进行定向或随机排列，形成纤网结构后采用机械、热黏或化学等方法加固而成的织物。它具有结构松散、平面结性好、柔软透气等特点。

3．按织物印染整理加工分类

（1）本色坯布　也称原布，指从织机上下来的未经任何染整加工的织物。
（2）漂白织物　指经退浆、精炼、漂白等加工后的织物。
（3）染色织物　指经前处理、染色等加工后的织物。
（4）印花织物　指经前处理、印花等加工后的织物。
（5）色织物　指纱线经漂染加工后再织造形成的织物。
（6）后整理织物　指经仿旧、磨毛、折皱、功能整理等加工后的织物。

4．按织物的原料构成分类

（1）纯纺织物　指经纱和纬纱用同一种纤维原料纺成纱线，进而织成的织物。如全毛华达呢、全棉汗布、真丝双绉、涤纶乔其纱等。

（2）混纺织物　指经纱和纬纱以两种或两种以上不同种类的纤维混纺成纱线，进而织成的织物。如涤/棉混纺细布、麻/棉混纺帆布、毛/涤混纺花呢、毛/腈混纺大衣呢等。

（3）交织织物　指经纱和纬纱由不同纤维原料组成，或是由两种不同类型的纱交织而成的织物。如棉/锦交织府绸、桑蚕丝/黏纤长丝交织古香缎、黏纤长丝/棉交织羽纱等。

5．按织物的原料及其风格分类

（1）棉织物　指以棉纱线或棉与棉型化纤（纤维长度在30mm左右）混纺纱线织成的具有棉织物风格的产品。

（2）麻织物　指以麻纱线或麻与其他天然纤维、化学纤维混纺纱线织成的具有麻织物风格的产品。麻纤维主要包括苎麻、亚麻、黄麻、大麻等，服用纺织品中以苎麻、亚麻为主。

（3）丝织物　指全部或部分用长丝织成的具有丝绸风格的产品。就原料而言，它包括桑蚕丝、柞蚕丝、合纤丝等。

（4）毛织物　指以毛纱线或毛与毛型化纤（纤维长度在 75mm 左右）、中长仿毛型化纤（纤维长度介于棉型与毛型之间）等混纺纱线织成的，具有毛织物风格的产品。毛纤维包括绵羊毛、山羊绒、兔毛、马海毛、骆驼毛等。

（5）化纤织物　指以化学纤维纱线或化学纤维与其他天然纤维纱线织成的织物。化纤织物按其原料来源分为再生纤维织物与合成纤维织物两大类。

除上述分类法外，还有按织物中纱线的结构分类、按织物的规格分类等。

纺织品纤维原料的类别见表 1-1。

表 1-1　纺织品纤维原料的类别

纺织纤维	天然纤维	植物纤维	种子纤维：棉、木棉、牛角瓜纤维等
			韧皮纤维：苎麻、亚麻、黄麻、大麻、罗布麻等
			叶纤维：剑麻、蕉麻、芦荟麻等
			果实纤维：椰壳纤维
		动物纤维	丝纤维：桑蚕丝、柞蚕丝、蓖麻蚕丝、木薯蚕丝等
			毛发纤维：羊毛、山羊毛、山羊绒、兔毛、马海毛、骆驼毛、水貂毛等
		矿物纤维	石棉
	化学纤维	再生纤维	再生纤维素纤维：黏胶纤维、醋酯纤维、铜氨纤维、莱赛尔纤维、莫代尔纤维等
			再生蛋白质纤维：大豆蛋白纤维、聚乳酸纤维、甲壳素纤维等
		合成纤维	涤纶、锦纶、腈纶、维纶、丙纶、氨纶等
		无机纤维	玻璃纤维、碳纤维、金属纤维等

（二）各类纺织品的风格特征与感观识别

纺织品的原料成分不同、织物的组织规格不同、染整加工的工艺不同，产品的风格特征就不相同。区分纺织品的类别主要采用感观法。

1. 棉织物

棉织物俗称棉布，它具有手感柔软、吸湿透气、光泽柔和、穿着舒适等优点，但其弹性较差、易缩水、易折皱。常用来制作内衣、衬衫、休闲服、高档时装等。

用感观法识别棉织物时，可用手紧握面料数秒钟，然后松开，观察其折痕比较明显，且折皱不能在短时间内恢复。

2. 麻织物

麻织物俗称麻布，具有外观粗糙、手感生硬滑爽、吸湿透气、穿着凉爽、断裂强度高、断裂伸长小、易折皱且不易恢复等特点。常用的苎麻和亚麻产品一般被用来制作普通夏装、休闲服等，以麻/棉混纺或交织物产品为多。

用感观法识别麻织物时，其外观比棉织物粗犷，手感不如棉织物柔软（亚麻比苎麻产品柔软些），用手紧握面料数秒钟后松开，其折痕明显，且不易恢复。

3. 毛织物

毛织物又称呢绒，是以羊毛、特种动物毛为原料，或以羊毛与其他纤维混纺、交织的纺织品。它分为精纺毛织物、粗纺毛织物和长毛绒织物三大类。常用于制作西服、大衣、职业装等正规、高档的服装。除个别精纺呢绒品种外，毛织物一般不适用于制作夏装。

精纺毛织物具有表面光洁、织纹清晰、光泽柔和、质地紧密、手感滑糯、高雅挺括、富有弹性等优点。用感观法识别时，有自然的膘光，手感不板不硬，用手紧握面料数秒钟后松开，基本无折痕或少折痕，且折痕能立刻得到恢复。这些性能将随着羊毛含量的降低而有所削弱。

粗纺毛织物具有质地厚实、结构蓬松、外观多绒毛、织纹较模糊、手感丰糯、身骨挺实、富有弹性、保暖性好等特点。用感观法识别时，表现为有绒毛覆盖，不显露底纹或半显露底纹，膘光自然，手感柔软，用手紧握面料数秒钟后松开，折痕少，且能迅速恢复。这些性能也与羊毛的含量有关，毛混纺或化纤仿毛织物的光泽、手感、回弹性等均下降。

长毛绒织物是在机上织成上下两片棉纱底布，中间用毛纱连接而成的双层面料。剖开后，正面有几毫米高的直立绒毛，它具有结构蓬松、手感柔软、保暖性好等特点。用感观法识别时，由于特征明显，比较容易判断。

4. 丝织物

丝织物也称丝绸，具有光泽悦目、轻薄柔软、平滑细腻、悬垂飘逸、色彩绚丽、高贵典雅、舒适透气的特点。但其不足是易折皱、易吸身、易泛黄褪色等。丝织物的品种很多，风格各异，可用来制作各种服装，尤其适合制作女士服装。

用感观法识别丝织物时，亮、薄、轻、软是其区别于其他各种面料独特的外观风格。若为真丝产品，用手摩擦时会发出悦耳的"丝鸣"声。用手紧握丝绸面料数秒钟后松开，折痕明显，且不易恢复。

5. 化纤织物

化纤织物分再生纤维织物与合成纤维织物两大类，其中再生纤维织物的特点是质地柔软、吸湿透气、延伸性好、光洁滑爽、悬垂舒适。用感观法识别时，其身骨柔而烂，若用手紧握面料数秒钟后松开，折痕较多且不易恢复。长丝织物有较强的极光。

合成纤维织物的共同特点是挺括滑爽、耐拉耐用、易洗快干、色牢度好，但缺点是易产生静电、吸尘沾污、透气性差、遇热易变形等。用感观法识别时，外观平挺光滑，若用手紧握面料数秒钟后松开，折痕较少且较容易恢复。纯纺合成纤维产品虽可用以制作各类服装，但总体档次和附加值不高，故常与各类天然纤维、再生纤维混纺或交织。

（三）针织物、机织物和非织造布的感观识别

1. 针织物与机织物的识别

针织物与机织物是最常用的两大类面料，由于其构成方式不同，所以在外观风格、服用

性能、染整加工及应用领域等方面各异。用感观法判断时，主要从纱线的形态、织物的外观特征等方面着手。

针织物分纬编织物与经编织物两大类，纬编织物的纱线是由纬向喂入织针，经编织物的纱线是由经向喂入织针，它们的共同特点是由线圈相互串联而成，纬纱（或经纱）在织物中不是伸直的，而是弯曲的，纱线不易拆分，织物不易撕裂。它质地柔软、结构疏松、延伸性好、悬垂性好，特别适用于制作内衣、运动服、休闲外衣等。纬编织物常出现卷边现象，其延伸性比经编织物更好些。常见的纬编与经编织物结构示意图及外观特征如图 1-1、图 1-2 所示。

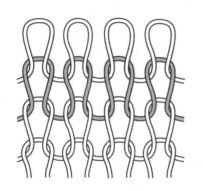

图 1-1　纬编织物结构示意图

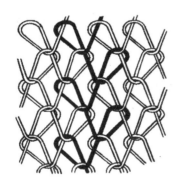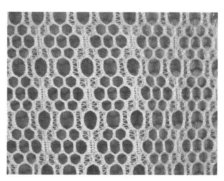

图 1-2　经编织物结构示意图

机织物由相互垂直的经纱和纬纱构成，边纱易拆分，它质地紧密、形态稳定、硬挺结实，但柔软性、悬垂性、延伸性、抗皱性等均不如针织面料。值得注意的是，有些经编织物与机织物外观酷似，判断时需仔细观察，可通过分解纱线来准确区分。最简单的机织物结构示意图及外观特征如图 1-3 所示。

2. 非织造布的识别

构成针织物、机织物、非织造布的基本要素都是纤维，但针织物和机织物都是由纤维先纺成纱线再织成织物；针织物只需一个（组）纱线系统，机织物至少有两个（组）纱线系统。而非织造布是直接从纤维到织物，不存在编织系统。非织造布是通过化学、机械等方法将纤维相互黏结（或纠缠）成网，形成纤维与孔隙的集合体。其外观与针织物、机织物有着明显的差异，没有织纹，纤维呈散布性、无规则状态。

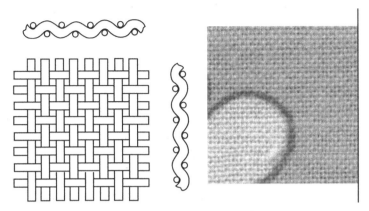

图 1-3 机织物结构示意图及外观特征

（四）纺织品的标识

纺织品在生产加工、贸易流通、穿着使用等过程中，技术人员、营销人员、消费者等应各自的需要，希望了解纺织品的相关信息，如产品名称、原料成分、规格等级、保养护理等，以便正确制定工艺、准确把控质量、合理消费使用。纺织原料、半成品、成品、服装等的标识各不相同，以服装为例常见的标识内容如下。

1. 生产者名称及地址

生产者名称和地址应当是依法登记注册的、能承担产品质量责任的生产者名称和地址。名称应全面，地址应详细，一旦发生质量纠纷，有据可查，依法维权。

2. 产品名称

产品名称是由生产者为产品标注的、与其内容相符的真实属性。文字表达应准确、清晰、不令人误解。如休闲女装、婴儿内衣等。

3. 产品号型或规格

"号"是指人体的身高，用 cm 表示，以 5cm 分档；"型"是人体的胸围或腰围，胸围以 4cm 分档，腰围以 4cm、2cm 分档。

体型代号分为 Y 型、A 型、B 型、C 型四种。Y 型适用于胸大腰细的体型者；A 型适用于一般体型者；B 型适用于微胖体型者；C 型适用于胖体型者。

服装必须标明号型，"号"与"型"之间一般用斜线分开，后接体型分类代号。如 165/80A、175/84B 等。儿童服装没有体型分类代号，常以适用的年龄来区分。

4. 产品原料成分或纤维含量

原料成分以成品中某种纤维含量占纤维总量的百分数表示。两种及两种以上的纤维组成的混纺产品或交织产品，应列出每一种纤维的名称，并在名称前或后面列出对应的纤维含量。

（1）由一种类型的纤维加工而成的纺织品或服装 当棉纤维含量为100％的产品，标记为"100％棉"或"纯棉"。当蚕丝纤维含量为100％的产品，标记为"100％蚕丝"或"纯蚕丝"，但应注明是桑蚕丝还是柞蚕丝。当羊毛纤维含量为100％的产品，标记为"100％羊毛"。精纺毛织物，羊毛含量在95％及以上，其余加固纤维为锦纶、涤纶时，可标记为"纯毛"；有可见的、起装饰作用纤维的产品，羊毛含量为93％及以上时，可标记为"纯毛"。粗纺毛织物，羊毛纤维含量在93％及以上，其余为锦纶、涤纶加固纤维和可见的、起装饰作用的非毛纤维，可标记为"纯毛"。当羊绒含量达95％及以上的产品，可标记为"100％羊绒"，但不宜标为"纯羊绒"。

（2）由两种及两种以上的纤维加工而成的纺织品或服装 一般情况下，按照含量比例递减的顺序，列出每种纤维的通用名称，并在每种纤维名称前列出该纤维所占产品总体含量的百分率。如85％黏纤/15％腈纶；40％涤纶/40％黏纤/20％羊毛。

当纤维含量≤5％时，可列出该纤维的具体名称，也可用"其他纤维"来表示；当产品中有2种及以上纤维含量各≤5％，且总量≤15％时，可集中标为"其他纤维"。如50％黏纤、46％涤纶、4％羊毛，或50％黏纤、46％涤纶、4％其他纤维；92％醋纤、4％氨纶、4％黏纤，或92％醋纤、8％其他纤维。

（3）带有里料的产品或服装 一般情况下，应分别标明面料和里料的纤维名称及其含量，如果面料和里料采用同一种织物可合并标注。如面料，80％羊毛、20％涤纶，里料，100％涤纶。

（4）含有填充物的产品或服装 一般情况下，应分别标明外套和填充物的纤维名称及其含量，羽绒填充物应标明羽绒类别和含绒量、充绒量。

如面料65％棉/35％涤纶，里料100％涤纶，填充物灰鸭绒，含绒量80％、充绒量180g。

（5）由两种或两种以上不同织物构成的产品或服装 一般情况下，应分别标明每种织物的纤维名称及其含量，当面积不超过产品表面积15％的织物可不标识。如身100％涤纶，袖100％腈纶。

产品中易于识别的花纹图案的装饰纤维或纱线，当其纤维含量≤5％时，可表示为"装饰部分除外"，也可单独将装饰部分的纤维含量标出。

如80％羊毛、20％涤纶，装饰线除外；77％棉、19％黏纤，4％金属装饰线。

产品中起装饰作用的非主体部分，如花边、褶边、贴边、腰带、衣领、袖口、衬布、衬垫、口袋和帖花等，其纤维含量一般不标注。若单个部件的面积或同种织物多个部件的总面积超过产品表面积的15％时，应标注该部件的纤维含量。

根据"GB/T 29862—2013《纺织品 纤维含量的标识》要求，"纤维含量一般以净干质量结合公定回潮率计算的公定质量百分率表示"，如果采用净干重含量表示，需明示"净干含量"。纤维名称应使用规范名称（表1-2），不能使用商家自创的纤维名称，例如竹炭毛绒、黄金绒、珍珠绒等，蒙骗或误导消费者，并符合有关国家标准或行业标准的规定，化纤宜采用简称。没有统一名称的新纤维，可标为"新型（天然、再生、合成）纤维"。在纤维名称的前面或后面可以添加如实描述纤维形态特点的术语，例如涤纶（七孔）、丝光棉等。化学性质相似且难以定量分析的，也合并表示其总含量，如30%莱赛尔纤维＋黏纤。

表1-2 常用纺织纤维的名称

序号	中文名称	英文名称	代码	商品名	俗称
1	棉	cotton	C	—	—
2	苎麻	ramie	Ram	—	—
3	亚麻	flax	F	—	—
4	黄麻	jute	—	—	—
5	大麻	hemp	—	—	汉麻
6	剑麻	sisal	—	—	—
7	黏胶纤维	viscose(rayon)	CV、R	黏纤	人造丝、人造棉
8	铜氨纤维	cupro	CUP	—	—
9	莱赛尔纤维	lyocell	CLY	莱赛尔	天丝
10	莫代尔纤维	modal	CMD	莫代尔	富强纤维
11	醋酯纤维	acetate	CA	醋纤	二醋酯
12	三醋酯纤维	triacetate	CTA	—	三醋酯、醋酯
13	桑蚕丝(家蚕丝)	mulberry silk	—	—	真丝、蚕丝、双宫丝
14	柞蚕丝	tussah silk	—	—	野蚕丝、蚕丝、双宫丝
15	羊毛(绵羊毛)	wool	W	—	—
16	山羊毛	goat hair	—	—	—
17	山羊绒	cashmere wool	—	—	羊绒
18	羊驼绒、羊驼毛	alpaca wool、alpaca hair	—	—	—
19	骆驼绒、骆驼毛	camel wool、camel hair	—	—	—
20	牦牛绒、牦牛毛	yak wool、yak hair	—	—	—
21	兔毛	rabbit hair	—	—	—
22	安哥拉兔毛	angorarabbit wool	—	—	—
23	安哥拉山羊毛(马海毛)	mohair wool	—	—	—
24	甲壳素纤维	chitin	CHT	—	—
25	聚酯纤维	polyester	PES 含 PET/PBT/PTT	涤纶	—
26	聚酰胺纤维	polyamide(nylon)	PA	锦纶	尼龙
27	芳香族聚酰胺纤维	aramid	AR	芳纶	—
28	聚丙烯腈纤维	acrylic(polyacrylonitrile)	PAN	腈纶	—
29	聚丙烯纤维	polypropylene	PP	丙纶	—
30	聚乙烯纤维	polyethylene	PE	乙纶	—
31	聚乙烯醇纤维	vinylal	PVAL	维纶	—
32	聚氯乙烯纤维	chlorofibre	CLF	氯纶	—
33	聚乳酸纤维	polylactide	PLA	—	玉米纤维
34	聚氨酯弹性纤维	elastane(或 spandex)	EL	氨纶	莱卡、弹性丝
35	聚烯烃弹性纤维	elastolefin(或 lastol)	EOL	—	氨纶丝、弹性丝
36	金属纤维	metal fibre	MTF	—	金银丝
37	碳纤维	carbon fibre	CF	—	—

5. 产品洗涤方法

为了使消费者能够正确洗涤、晾晒、熨烫、保养纺织品，国际上以通用的、直观的、形象的图形符号来表达洗涤方法，并同时加注与图形符号相对应的简单说明性文字。最常见的纺织品洗涤标志如图1-4所示。

(a) 不可水洗 (b) 不可漂白 (c) 不可干洗 (d) 不可熨烫 (e) 悬挂晾干

图1-4 部分洗涤标志

6. 产品执行标准

国内生产并在国内销售的产品，要求标明企业所执行的国家标准、行业标准、地方标准或者经备案的企业标准编号。标准编号一般由2～5个英文字母和若干个阿拉伯数字组成。

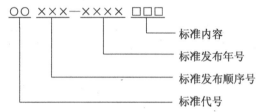

如 FZ/T 01101—2008《纺织品　纤维含量的测定　物理法》。

纺织行业在生产加工、贸易流通、质量检测等过程中常见的标准代号见表1-3。

表1-3 常见标准代号注释

序号	标准代码	含义	说明
1	GB、GB/T	（中国）国家标准	GB为强制性国标，GB/T为推荐性国标
2	FZ	纺织行业标准	—
3	HS	海关行业标准	—
4	SN	商检行业标准	进出口检验行业
5	DB＊＊	地方标准	＊＊为省、自治区、直辖市行政区划分代码前两位数
6	DG	地方规范	—
7	Q/＊＊＊	企业标准	＊＊＊为企业代号
8	ISO	国际标准	国际标准化组织
9	AATCC	美国标准	美国纺织化学师与印染师协会
10	ASTM	美国标准	美国材料与试验协会
11	JIS	日本标准	—
12	AS	澳大利亚标准	—
13	BS	英国标准	英国标准协会

续表

序号	标准代码	含　义	说　　　明
14	EN	欧洲标准	—
15	DIN	德国标准	德国标准化学会

7. 产品质量等级

产品质量等级是指同一种产品按其质量水平不同划分的级别。如一级、二级、三级；或A级、B级、C级；或优、良、合格等。

服装产品标准中大多采用的分等为优等品、一等品、合格品。

纺织产品标准中大多采用的分等为优等品、一等品、二等品、三等品。

三、技能训练任务

(一) 识别棉、毛、丝、麻、化纤织物

1. 任务

对给定的各种面料按棉织物、毛织物（精纺和粗纺）、丝织物、麻织物、化纤织物进行分类。

2. 要求

① 每个学生团队在给定的面料中寻找一类面料，并汇报选择依据，然后由其他团队成员进行点评。

② 每个学生团队利用课余时间进行市场调研或企业调研，了解产品，收集样品。数量不少于10个，品种应包括棉织物、精纺毛织物、粗纺毛织物、丝织物、麻织物、化纤织物6大类。

3. 操作程序

① 在观察、体会、理解棉、毛、丝、麻、化纤等各类纺织品外观风格特征的基础上，通过看、摸、揉、拉、听、嗅、比较等方法将给定的纺织产品进行分类。

② 团队讨论，检查分类结果，并纠正错误选择。

③ 将本团队的学习成果与体会交流共享。

④ 教师点评，并对较复杂的难以判断的产品分析讲解。

⑤ 学生进行市场调研或企业调研，收集产品，制作样卡。

4. 注意事项

① 注意不要混淆棉（型）织物与全棉织物、毛（型）织物与全毛织物、丝织物与真丝织物等的概念，前者是风格属性，后者为原料属性。

② 化纤产品中包含了化纤及其混纺或交织物，所以与仿棉、仿毛、仿丝、仿麻产品存在一定的交叉重合。

（二）识别针织物、机织物与非织造布

1. 任务

对给定的各种面料按针织物（包括纬编和经编）、机织物、非织造布进行分类。

2. 要求

① 每个学生团队在给定的面料中寻找一类面料，数量不少于 5 个，并汇报选择该类面料的依据，然后由其他团队成员进行点评。

② 每个学生团队利用课余时间进行市场调研或企业调研，了解产品，收集样品，数量不少于 6 个，品种应包括纬编织物、经编织物、机织物、非织造布 4 大类。

3. 操作程序

① 在观察、体会、理解机织物、针织物、非织造布外观风格特征的基础上，通过看、摸、拉、比较等方法将给定的纺织产品进行分类。

② 其他程序同"（一）识别棉、毛、丝、麻、化纤织物"。

4. 注意事项

① 某些经编织物与机织物的外观特征不明显，容易误判，所以应将感观法与纱线拆分法结合加以判断。

② 一些较复杂的纬编织物与经编织物不容易判断，主要应从线圈形态、整列度等方面分析。一般纬编织物的线圈清晰可见，且整列度高，相互串联形成的是"活结"，所以容易脱散。经编织物的线圈整列度较差，相互串联形成的是"死结"，故不易脱散。

（三）识别色织物、印花织物、提花织物

1. 任务

对给定的各种面料按色织物、印花织物、提花织物进行分类。

2. 要求

① 每个学生团队在给定的面料中寻找一类面料，并汇报选择依据，然后由其他团队成员进行点评。

② 每个学生团队利用课余时间进行市场调研或企业调研，了解产品，收集样品，数量不少于 6 个，品种应包括色织物、印花织物、提花织物 3 大类。

3. 操作程序

① 在观察、体会、理解色织物、印花织物、提花织物外观风格特征的基础上，通过看、

摸、拆、比较等方法将给定的纺织产品进行分类。

② 其他程序同"（一）识别棉、毛、丝、麻、化纤织物"。

4. 注意事项

① 注意印花条格与色织面料的区别，重点应观察反面效果，若为印花仿色织面料，则反面没有"色织"的效果。

② 注意印花与提花的区别，提花织物实际上是交织的色织物，所以色纱上下交替形成的花纹图，正反面花色不同，而印花织物是单面效果，即使透印，正反面色泽相似，只有深浅不同。

四、问题与思考

1. 小张买了件全棉针织汗衫，穿了一段时间后发现横向变大，长度缩短，且下摆口呈裙边状。小王买了件机织黏纤连衣裙，穿着洗涤后，发现严重缩水，尤其是长度收缩明显，横向略变大，影响了穿着效果。试分析两件衣服发生形态变化的原因是否相同？为什么？

2. 消费者在购买服装时，应重点关注哪些产品信息？为什么？

3. 比较下列面料在感观上的差异。

① 全棉、涤/棉混纺、麻/棉交织；

② 全毛、毛/涤混纺、涤/黏仿毛；

③ 桑蚕丝、柞蚕丝、醋纤丝、涤纶丝；

④ 印花、提花、绣花；

⑤ 纬编、经编、机织；

⑥ 精纺呢绒、粗纺呢绒。

项目二 分析机织物的基本组织

一、任务书

单元任务	(1)判断织物的正反面与经纬向 (2)识别机织物的基本组织 (3)区分机织物常见品种	参考学时	3~5
能力目标	(1)能正确判断常见织物的正反面,区分织物的经向与纬向 (2)能正确识别机织物的基本组织(平纹、斜纹、缎纹) (3)能区分平布与府绸、华达呢与哔叽、直贡与横贡、卡其与直贡等		
教学要求	(1)从机织物的三原组织入手介绍常见品种的风格特征及其用途 (2)教会学生综合运用看、摸、拉等方法判断织物的正反面与经纬向 (3)教会学生综合运用看、摸、拆等方法区分常见品种的组织结构 (4)以学生团队为单位训练、指导、鉴定		
方法工具	(1)采用感观法分析法判断织物的组织与品种 (2)采用团队合作、实践体验、交流分享的形式训练 (3)教学资源:各种组织规格的纺织品		
提交成果	分析报告		
主要考核点	(1)分析方法的合理性 (2)分析结果的准确性 (3)团队合作及参与度		
评价方法	过程评价＋结果评价		

二、知识要点

织物组织的种类很多,不同的织物类型组织分类不同,机织物一般分为三原组织、变化组织、联合组织、复杂组织等。本模块主要介绍机织物的组织分类与识别,通过织物组织、风格特征、主要品种的介绍,掌握识别常见机织面料正反面、经纬向、品种类别等技巧。

(一) 机织物的组织分类

1. 三原组织

又称原组织、基本组织,它是最简单、最基础的织物组织,包括平纹组织、斜纹组织和缎纹组织三类。在纺织品来样中以原组织居多。

（1）平纹组织 平纹组织如图 2-1 所示，它属于同面组织，即正反面的结构和外观基本相同。由于经纱和纬纱的交织点最多，纱线弯曲多，所以结构稳定、布面平整、外观挺括、光泽较差，在经纬密度、纱线线密度相同的情况下，相对其他组织，其手感硬、强度高、耐磨性好。

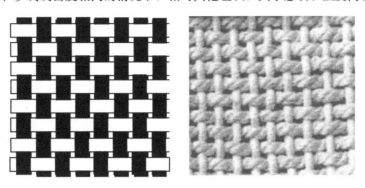

图 2-1 $\frac{1}{1}$ 平纹组织示意图

（2）斜纹组织 斜纹组织如图 2-2 所示，有单面斜纹和双面斜纹之分。由于经纬纱的交错次数少于平纹组织，故手感柔软，光泽较平纹好，浮长较长时布面容易起毛，在经纬密度、纱线线密度相同的情况下，其强度、耐磨性较平纹组织差。

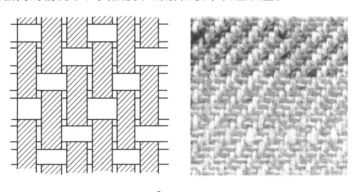

图 2-2 $\frac{2}{1}$ 斜纹组织示意图

（3）缎纹组织 缎纹组织如图 2-3、图 2-4 所示，它分为纬面缎纹与经面缎纹两类，前者称为横贡缎，后者称为直贡缎。缎纹属于单面组织，正反面差异较大。由于缎纹组织相邻两根纱线上的单独组织点相距较远，浮长较长，所以布面平整光滑，质地柔软，正面富有光泽，反面较为粗糙，强度和耐磨性较差。

"$\frac{8}{5}$" 称 8 枚 5 飞，"枚"指一个完全组织中的经纱（或纬纱）数，"飞"指相邻两个组织点之间的经纱数。

2. 变化组织

变化组织是在三原组织基础上进行变化而成的，如延长、增加、减少组织点，改变斜纹方向，改变组织点飞数等。常见的平纹变化组织有重平组织、方平组织（图 2-5）等，常见的斜纹变化组织有山形斜纹（图 2-6）、加强斜纹、复合斜纹、菱形斜纹、破斜纹、急斜纹等，常见的缎纹变化组织有加强缎纹、重缎纹等。

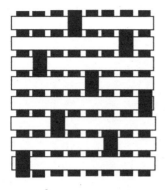

图 2-3　$\dfrac{8}{5}$纬面缎纹组织示意图

图 2-4　$\dfrac{8}{5}$经面缎纹组织示意图

图 2-5　方平组织示意图

图 2-6　山形斜纹示意图

3. 联合组织

联合组织是将两种或两种以上的组织（三原组织或变化组织）以各种不同的方式（如并合、交叉、融合等）联合形成的新组织（图 2-7）。如条格组织、绉组织、蜂巢组织、小提花组织等。

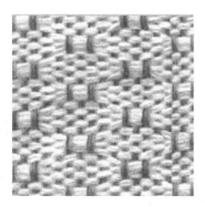

图 2-7　联合组织示意图

4.复杂组织

三原组织、变化组织、联合组织均是由一个系统的经纱和一个系统的纬纱相互交织而成的，所以结构相对比较简单。而复杂组织的经纱和纬纱至少有一个是由两个或两个以上的系统构成的。复杂组织包括二重组织（如厚绒布、棉绒毯等）、起毛组织（如灯芯绒、平绒、长毛绒等）、毛巾组织（如面巾、浴巾、睡衣等）、双层组织［如双层平纹（图2-8）、双层斜纹等］、纱罗组织（图2-9）、大提花组织（图2-10）等。

图2-8　双层平纹组织示意图

图2-9　纱罗组织示意图

图2-10　大提花组织示意图

（二）机织物常见品种及风格特征

织物组织是影响纺织面料外观、手感及物理机械性能、服用性能的重要因素。用感观法进行来样分析时，应掌握各种面料的风格特征，以便能准确判断。

1.棉织物常见品种的风格特征

棉织物常见的品种有平布（也称细布）、府绸、帆布、泡泡纱、卡其、斜纹布、哔叽、牛仔布、横贡缎、直贡缎、绒布、灯芯绒等，其风格特点各不相同，现将主要品种按三原组织分别进行比较，以便准确区分，帮助识别，见表2-1～表2-4。

表 2-1 平纹棉织物常见品种比较

特点＼品种	平 布	府 绸	帆 布
纱线线密度	按纱线粗细可分为细平布、中平布、粗平布	较细	较粗、多为股线 按纱线粗细可分为粗帆布和细帆布
密度	经密≈纬密	经密＞纬密	经密≈纬密
风格	平整光洁	有独特的"粒子"效应	粗犷、厚实

表 2-2 斜纹棉织物常见品种比较

特点＼品种	斜纹布	哔 叽	卡 其
质地	紧密、柔软	软而不烂	紧密、厚实、硬挺
纹路	正面清晰，反面模糊	正面清晰，反面模糊	细密、清晰
斜纹角度与方向	60°左右，多为左斜	45°左右，多为左斜	63°左右 单面织物：左斜纱卡，右斜线卡 双面织物：一面左斜，另一面右斜
组织	$\frac{2}{1}$	$\frac{2}{1}$	单面 $\frac{3}{1}$ 双面 $\frac{2}{2}$

表 2-3 缎纹棉织物常见品种比较

特点＼品种	横 贡	直 贡
表面浮纱	纬纱，纹路角度小（＜45°）	经纱，纹路角度大（＞60°）
密度	纬密＞经密	经密＞纬密
光泽	正面好，反面差	较好

表 2-4 绒类棉织物常见品种比较

特点＼品种	灯芯绒	平 绒	绒 布	磨毛织物
外观	底沟分明，绒毛圆润、耸立	有均匀、整齐的绒毛，底纹覆盖	有均匀、短密的绒毛，底纹模糊	有均匀、短密的绒毛，底纹可见
组织	纬二重组织	起毛组织	平纹或斜纹	多为斜纹
质地	厚实、硬挺	厚实、平整	疏松、柔软	柔软
光泽	较好	较好	一般	一般

2. 毛织物常见品种的风格特征

毛织物常见的品种有派力司、凡立丁、哔叽、华达呢、直贡呢、花呢等。它们风格各异，现将主要品种按三原组织分别进行比较，见表 2-5～表 2-7。

表 2-5 精纺毛织物常见平纹组织品种比较

特点 ＼ 品种	派力司	凡立丁	薄花呢
手感	滑爽	滑糯	滑糯
外观	混色	素色	有素色、条花、格花等
特点	浅色呢面上有纵横交错散布性的深色细线条纹	纱线细、捻度大、密度小	品种繁多

表 2-6 精纺毛织物常见斜纹组织品种比较

特点 ＼ 品种	华达呢	哔叽	啥味呢
呢面	厚实、紧密	紧密、柔软	有均匀的短毛覆盖
手感	滑糯	滑糯	丰满
纹路	清晰	清晰	纹路隐约可见
斜纹角度	60°左右	45°左右	50°～60°
组织	$\frac{2}{2}$,$\frac{2}{1}$	$\frac{2}{2}$	$\frac{2}{2}$

表 2-7 粗纺毛织物常见品种比较

特点 ＼ 品种	麦尔登	法兰绒	粗花呢
呢面	正反面均有细密平整的绒毛，质地紧密	有绒毛覆盖，半露底纹，质地疏松	有呢面、纹面、绒面三类
手感	丰满	柔软	呢面丰满、纹面挺糯、绒面柔软
外观	杂色	混色均匀	有人字、条花、格花、提花等风格
组织	多为斜纹,也有平纹	多为斜纹,也有平纹	多为平纹或斜纹

3. 丝织物常见品种的风格特征

丝织物品种最多，根据其组织结构、采用原料、加工工艺、质地手感、外观形态和主要用途等，可分成 14 个大类，包括纺、绉、绢、绡、绸、葛、绸、绫、锦、缎、纱、罗、呢和绒。各大类品种的特点见表 2-8。

表 2-8 丝织物常见品种比较

品种 ＼ 特点	经纬纱线	织物组织	外观质地	其 他
纺	无捻或弱捻	平纹组织	轻薄,柔软	分花、素、条、格类
绉	长丝作经,棉或其他纱线作纬	平纹组织	粗厚,织纹清晰	分素线绉、花线绉

续表

品种＼特点	经纬纱线	织物组织	外观质地	其 他
绢	不加捻或加弱捻	平纹或平纹变化组织	细腻,平整,挺括	—
绉	经纬纱加强捻	平纹或其他组织	呈现顺逆双向皱纹,光泽柔和、有弹性	—
绡	经纬纱加捻	平纹或假纱组织	轻薄,呈现透孔	分平素绡、条格绡、提花绡、烂花绡
葛	经细纬粗,经密纬疏	平纹、平纹变化或急斜纹组织	厚实,有明显的横向绫纹	分提花葛、素花葛
绸	—	基本或变化组织	质地紧密,手感滑爽	无其他明显特征的丝织品可统称为绸
绫	—	斜纹或斜纹变化组织	轻薄,有明显的斜向纹路	分素绫、花绫
锦	无捻或低捻的多色丝线	斜纹或缎纹等组织	绚丽多彩的色织提花	分蜀锦、宋锦、云锦
缎	—	缎纹或缎纹变化组织	平滑,肥亮	分经面缎、纬面缎
纱	经丝相互扭绞	全部或部分纱组织	均匀分布的"纱眼"	分素纱、花纱
罗	—	全部或部分罗组织	有规则的条状纱孔	分直罗、横罗、花罗、素罗
呢	较粗的经纬丝线	各种组织	丰厚,紧密	分毛型、丝型
绒	绒经、绒纬与地组织固结	全部或部分采用起绒组织	表面呈现绒毛或绒圈	—

4. 麻织物常见品种的风格特征

麻织物的品种相对比较少,主要有夏布及麻与其他纤维的混纺交织面料。

夏布是用苎麻纤维以手工织制而成的,多用平纹组织,有本色、白色、染色、印花等品种,它具有布面平整光洁、手感麻滑、凉爽舒适等特点,主要用于夏装面料。

棉麻混纺或交织物在外观上保持了麻纤维面料独特的粗犷、凉爽的风格,又具有棉纤维面料手感柔软、光洁的特点,常用于夏季服装面料。

毛/麻混纺织物具有手感滑、挺、爽的特点,常见的品种有人字呢、花呢等,常用于春季和秋季男女中高档服装面料。

除此之外,还有涤/麻、丝/麻等混纺或交织物。

(三) 各类机织物的品种代号

1. 棉织物

棉织物共分9个大类品种。本色棉布编号由3位阿拉伯数字组成,印染产品编号由4位阿拉伯数字组成,即在本色棉布编号前加上印染加工类别代号。为了表明产品的原料成分,一般在产品编号前用1~2个英文字母标注。具体如下。

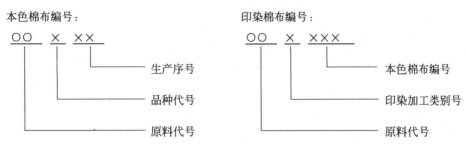

本色棉布编号：

印染棉布编号：

本色棉布的品种代号和印染加工类别号的含义见表2-9。

例：某纺织面料的编号为"C6214"，表示该产品为棉印花府绸，"14"为生产序号，一般没有实质性的含义；又如"T/C3633"，则表示该产品为涤/棉混纺轧染卡其布。

表2-9 棉织物品种代号与印染加工类别号

原料代号	品种代号	印染加工类别号
C——全棉	1——平布类	1——漂白布类
T/C——涤/棉	2——府绸类	2——卷染染色布类
	3——斜纹布类	3——轧染染色布类
	4——哔叽类	4——精元染色布类
	5——华达呢类	5——硫化元染色布类
	6——卡其类	6——印花布类
	7——贡缎类	7——精元地色印花布类
	8——麻纱类	8——精元花印花布类
	9——绒布坯类	9——本光漂色布类

2.毛织物

毛织物分为精纺和粗纺两大类。其产品编号由5位阿拉伯数字组成，具体如下。

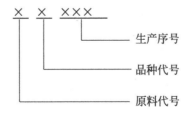

毛织物原料和品种代号的含义见表2-10。

例：某企业生产的毛织物编号为"38012"，其中"38"表示该面料为毛混纺薄花呢，"012"为生产序号。又如编号为"11301"，则表示该面料为毛混纺麦尔登呢。

表2-10 毛织物原料代号与品种代号

类 别	精纺产品	粗纺产品
	2——纯毛	0——纯毛
原料代号	3——毛混纺	1——毛混纺
	4——纯化纤	7——纯化纤

续表

类　别	精纺产品	粗纺产品
品种代号	1——哔叽类 (1001~1500) 啥味呢类 (1501~1999)	1——麦尔登类
	2——华达呢类	2——大衣呢类
	3——中厚花呢类	3——海军呢、制服呢类
	4——中厚花呢类	4——海力斯类
	5——凡立丁、派力司类	5——女式呢类
	6——女衣呢类	6——法兰绒类
	7——贡呢类	7——粗花呢类
	8——薄花呢类	8——大众呢类
	9——其他类	9——其他类

3. 丝织物

丝织物共分 14 个大类，27 个小类。丝织物命名时常以小类作定语，大类作名称。如乔其纱、塔夫绸、电力纺等。丝织物的产品编号由 5 位阿拉伯数字组成，具体如下。

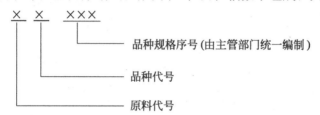

丝织物原料和品种代号的含义见表 2-11。

例：编号为"12101"，表示该产品为真丝双绉；编号为"26602"，表示该产品为涤纶乔其纱。

表 2-11　丝织物原料代号与品种代号

原料代号	品种代号 (大类)
1——纯桑蚕丝类或桑蚕丝占 50% 以上的桑柞交织物	0——绡类
2——合纤长丝类或合纤长丝与合成短纤纱线的交织物	1——纺类
3——天然蚕丝短纤与其他短纤混纺的织物	2——绉类
4——纯柞蚕丝类或柞蚕丝占 50% 以上的柞桑交织物	3——绸类
5——黏纤或铜氨长丝、醋纤长丝及与其短纤维的交织物	4——缎类 (40~47) 锦类 (48~49)
6——除 1、2、3、4、5 以外的，经纬由两种或两种以上原料交织的织物	5——绢类 (50~54) 绫类 (55~59)
7——被面类	6——罗类 (60~64) 纱类 (65~69)
	7——葛类 (70~74) 绨类 (75~79)
	8——绒类 (80~84) 呢类 (85~89)

4. 麻织物

麻织物的产品编号由 4 位阿拉伯数字组成，产品的原料成分一般在编号前用 1～2 个英文字母表示，具体如下。

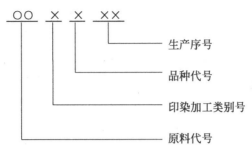

麻织物原料和品种代号的含义见表 2-12。

例：编号为"RC2502"，表示该产品为麻/棉交织染色织物。

表 2-12　麻织物原料代号与品种代号

原料代号	印染加工类别号	品种代号
R——纯苎麻类	1——漂白布类	1——单纱平纹织物
RT——麻/涤混纺或交织类	2——染色布类	2——股线平纹织物
TR——涤/麻混纺或交织类	3——印花布类	3——单纱提花织物
RC——麻/棉混纺或交织类	4——色织布类	4——股线提花织物
		5——单纱交织物
		6——股线交织物
		7——单纱色织物
		8——股线色织物

5. 化纤织物

化纤织物共分若干个大类，其产品编号由 4 位阿拉伯数字组成，具体如下。

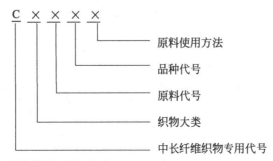

化纤织物原料和品种代号的含义见表 2-13。

例：编号为"C8132"，表示该产品为涤/黏混纺的中长色织物。

表 2-13 化纤织物原料代号与品种代号

织物大类	原料代号	品种代号	原料使用方法
6——纯涤纶织物	1——涤纶	0——白布	1——纯纺
7——化纤与棉混纺织物	2——维纶	1——色布	2——混纺
8——合纤纯纺或与黏纤混纺织物	3——锦纶	2——花布	
9——黏纤织物	4——腈纶	3——色织布	
	5——其他	4——帆布	
	6——丙纶		
	9——黏纤		

(四) 机织物正反面的识别

要准确分析机织物的组织，首先需要确定织物的正反面和经纬向，以免造成误判。识别面料正反面的方法很多，主要依据布边、花纹、色泽、光泽、织纹等外观特征和织造、印染加工过程中留下的痕迹或标识。

1. 依据布边识别

一般面料的布边正面比反面平整光洁，反面布边边缘易向内卷曲；若布边织有文字，则正面文字比反面清晰，并为正面；无梭织机面料的正面边沿比较平整，反面边沿清晰可见纬纱外露的毛丝。

若经针板拉幅、定型等工序的印染成品面料，会在布边留下针眼印，尤其是含合成纤维的制品。一般织物染整加工上机时正面朝上，所以针眼洞凸出方向为正面，凹陷方向为反面。

2. 依据花纹与色泽识别

印花属于单面加工，所以正反面有明显的差异。正面花纹图案轮廓清晰，层次分明，得色匀净，色泽鲜艳，布面光洁；反面则花型模糊，色泽浅淡，光泽萎暗。

对于提花织物而言，正面花纹图案明显，线条轮廓清晰，光泽均净美观，质地精致细密；反面浮纱较多，花纹图案不如正面协调自然。

3. 依据组织与外观识别

平纹织物和双面斜纹织物的正反面在外观上无多大差异，往往难以判断，一般可参考布边、布面等情况综合考虑。

单面斜纹织物正面有清晰的倾斜纹路，反面没有。它分为纱织物和线织物两类，表面纹向为 "\" 是纱织物的正面，表面纹向为 "/" 是线织物的正面。

缎纹织物正面有明显的浮纱，且光洁平滑，反面织纹不明显，光泽比正面萎暗。

4. 依据其他符号特征识别

加盖出厂日期和检验印章的一般为反面；粘贴产品说明书 (或商标) 的一般为反面，但外销产品正好相反，加盖商标唛头的一般为正面。

卷筒包装时一般正面朝外，码折包装时一般正面折在里面。

绒类织物，如灯芯绒、平绒、丝绒等，一般绒毛在正面；起毛或起绒织物，如绒布、天鹅绒、法兰绒、珊瑚绒等，有绒毛的一面为正面；若为双面绒毛类织物，正面绒毛整齐致密，反面绒毛相对短而稀疏。

（五）机织物经纬向的识别

机织物经纬向的判断主要依据布边、纱线规格、组织结构、花纹图案及加工时留下的特征标志等，同时可结合织物正反面一起判断。

1. 依据布边识别

与布边平行的纱线为经纱，与布边垂直的纱线为纬纱。所以平行布边方向（即织物长度方向）称为经向，垂直布边方向（即织物幅宽方向）称为纬向。

2. 依据织物的延伸性

由于在织造和染整加工中，经向常受力拉伸，所以一般经纱的平行度比纬纱好。用力拉伸织物时，经向延伸性较差，纬向延伸性较好（除经纬双弹织物外）。若拆分纱线，可清晰地看到纬纱弯曲，经纱相对伸直。

3. 依据花型特征识别

条子面料一般条子方向为经向；长方形格子面料一般沿长边方向为经向；花纹图案视觉效果顺畅和谐的角度是判断经纬向的合适位置。

4. 依据织物组织识别

斜纹织物斜向角度大的一方为经向，小的一方为纬向。

经面缎纹织物的正面浮纱方向为经向，纬面缎纹织物的正面浮纱方向为纬向。

毛巾类织物起毛圈的纱线为经纱，不起毛圈的纱线为纬纱。

纱罗织物有扭绞的纱线为经纱，无扭绞的纱线为纬纱。

5. 依据纱线结构与特点识别

一般情况下，织物的经密大于纬密，所以密度大的一方为经纱（向），密度小的一方为纬纱（向）。

当经纬纱线线密度不同时，一般较细的为经纱（向），较粗的为纬纱（向）；若织物中有一个系统的纱线具有多种不同的线密度，这个方向则为经向；若织物中有一个系统的纱线为花色纱，这个方向则为纬向。

一般经纱捻度大于纬纱捻度，当织物中的纱线有一组是股线时，通常股线为经纱，单纱为纬纱。

当织物的经纬纱线密度、捻度、捻向都差异不大时，则纱线条干均匀、光泽较好的为经纱。

6. 依据纱线的原料识别

在不同原料的交织中，通常将原料好、强度高、延伸性小的用作经纱。

棉/毛（或棉/麻）交织物，一般棉为经纱，毛（或麻）为纬纱。

棉/锦交织物，一般棉为经纱，锦为纬纱。

涤/棉交织物，一般涤为经纱，棉为纬纱。

毛/丝交织物，一般丝为经纱，毛为纬纱。

毛/丝/棉交织物，一般丝、棉为经纱，毛为纬纱。

天然丝与绢丝交织物，天然丝为经纱，绢丝为纬纱。

天然丝与化纤丝交织物，天然丝为经纱，化纤丝为纬纱。

7. 依据其他特征标志识别

若筘痕明显的织物，则筘痕方向为织物的经向。

一般含有浆料的是经纱，不含浆料的是纬纱。

将面料在光线透视下观察，呈现规律性隙缝阴影的为经向。

（六）机织物组织的分析

织物组织分析对于产品设计人员而言有着重要的意义，对于印染技术人员而言，一般只需要识别基本组织，了解产品的风格特点，保证在印染加工中不破坏或损伤织物原有的风格。常用的织物组织分析方法有感观判断法和纱线拆分法。

1. 感观判断法

感观判断法是采用目测或借助于照布镜，对织物进行直接观察，并将观察的经纬纱交织规律记录下来。这种方法简单易行，主要用来分析单层密度不大，纱线线密度较大的三原组织织物和简单的小花纹组织织物。此方法适用于具有一定经验的工艺员或设计员。

2. 纱线拆分法

纱线拆分法是通过拆分织物的经纱和纬纱，判断其交织规律，并记录结果。这种方法较适用于初学者，在起绒织物、毛巾织物、纱罗织物、多层织物和纱线线密度低、密度大，组织复杂的织物中应用较为广泛。

三、技能训练任务

（一）判断机织物的正反面与经纬向

1. 任务

对给定的各种机织物面料进行正反面、经纬向的判断，这些面料包括不带布边、带布边、带缝头、带印章、带商标、带边字等；包括本色、染色、印花、色织、提花等。

2. 要求

① 以学生团队为单位进行训练，分工合作，每位学生选择 2 块给定的面料，为其标识正反面和经纬向，然后团队成员相互交换，检验判断结果。

② 从技术层面建议按感观法→力拉法→拆分法操作，对每个环节的判断依据应充分、科学。

3. 操作程序

① 依据织造、印染等外观特征，分析判断织物的正反面。

② 综合织物的外观特点、纱线结构、经纬密度等信息，分析判断织物的经纬向。

③ 团队讨论，检查分析判断结果是否正确，并交流学习体会。

4. 注意事项

① 含弹性纤维的面料不能单纯用力拉法判断其经纬向。

② 不带布边的平纹、双面斜纹白织物和染色织物，正反面若没有明显差异的话，不必强求区别其正反面。

③ 用力拉法拉经纬向延伸不明显的面料，应结合织物组织及其风格特征加以判断。

(二) 识别机织物的基本组织

1. 任务

对给定的各种面料按织物基本组织进行分类，这些面料包括棉织物、毛织物、丝织物、麻织物、化纤织物等。

2. 要求

① 以学生团队为单位进行训练，分工合作，每组完成 6～8 块面料的分析任务。

② 按平纹织物、斜纹织物、缎纹织物、其他组织进行分类，将非三原组织的面料统一归在其他组织类。

3. 操作程序

① 在众多的纺织面料中将机织物挑选出来。

② 判断机织物的正反面与经纬向。

③ 按机织物的基本组织进行分类。

④ 拆分边纱，观察机织物的交织规律，并确定组织名称。

⑤ 团队讨论，检查判断结果是否正确，并交流分享学习体会。

4. 注意事项

① 织物的经纬向不能搞错，否则容易导致结果误判。

② 必要时可用照布镜辅助观察、验证。

（三）区分机织物的常见品种

1. 任务

在众多面料中挑选出平布、府绸、卡其、哔叽、华达呢、横贡、直贡、灯芯绒、绒布、天鹅绒、麦尔登呢、粗花呢、纺、绉、缎等品种。

2. 要求

① 以学生团队为单位进行训练，分工合作，每组完成 8～10 块面料的分析任务。
② 首先按棉、毛、丝、麻、化纤织物进行分类，然后确定产品的具体名称，并比较同类织物组织产品的风格，如棉平布与棉府绸、棉横贡与棉直贡、棉卡其与棉直贡、毛哔叽与毛华达呢、麦尔登呢与粗花呢、真丝双绉与真丝电力纺等。

3. 操作程序

① 在众多的纺织面料中将机织物挑选出来。
② 依据产品风格特征区分棉、毛、丝、麻、化纤等织物。
③ 按织物类别分别判断织物的正反面、经纬向及组织结构。
④ 比较各类别织物中三原组织产品的风格，分析并确定其产品名称。
⑤ 团队讨论，检查判断结果是否正确，并交流分享学习体会。

4. 注意事项

① 常见的分析难点有平布与府绸、斜纹布、哔叽、卡其、直贡等。一般平布、府绸看密度，斜纹布、哔叽、卡其、直贡重点看纹路。
② 毛织物、丝织物的品种较多，也比较复杂，只有多看、勤练、常体会，才能不断积累和提高。

四、问题与思考

1. 判断下列说法是否正确？为什么？

（1）府绸归属丝绸类；横贡缎是绸缎；麻纱属于麻织物；丝绸是指真丝。
（2）机织物经密大于纬密；经纱捻度大于纬纱捻度。
（3）机织物纬纱线密度大于经纱线密度；纬向弹性大于经向弹性。
（4）机织物正面光洁度比反面好；正面光泽比反面好；正面颜色比反面深。

2. 解释下列产品代号的含义。

（1）斜纹织物 $\dfrac{3}{1}$，缎纹织物 $\dfrac{5}{3}$。

（2）棉织物 T/C1214，毛织物 34008，丝织物 42101，化纤织物 7132。

3. 比较下列面料在感观上的差异。

（1）华达呢，直贡呢，啥味呢，花呢。

（2）细平布，帆布，府绸。

（3）法兰绒，灯芯绒，丝绒，摇粒绒。

（4）电力纺，绢纺，尼丝纺，雪纺。

项目三 分析机织物的规格

一、任务书

单元任务	(1)测定机织物中纱线的线密度 (2)测定机织物中纱线的捻度 (3)测定机织物的密度	参考学时	2~4
能力目标	(1)能识别机织物中纱线的类别 (2)会测定机织物中经纬纱的线密度,并能用不同指标表示 (3)会分辨机织物中纱线的捻向,能测定其捻度并正确表示 (4)会测定机织物的密度,并正确表示		
教学要求	(1)选用正确方法,规范操作各类仪器 (2)各指标换算方法正确,结果表示准确规范 (3)规范书写分析报告		
方法工具	(1)仪器:缕纱测长仪、纱线捻度仪、烘箱、电子天平、织物分析镜、直尺、挑针等 (2)不同品种的机织物		
提交成果	测试报告		
主要考核点	(1)分析结果的准确性 (2)分析方法的合理性 (3)操作过程的规范		
评价方法	过程评价＋结果评价		

二、知识要点

(一) 各种纱线的特点与表征

纱线是以各种纺织纤维为原料制成的纤维集合体,是细而柔软的连续线状物。纱线是机织物、针织物、编结织物等的主要组成单元;少部分纱线直接以线状纺织品形式存在,如各类缝纫线、毛绒线、绣花线、线绳等。

1. 不同形态结构纱线

纱线按其形态结构可分为短纤维纱线、长丝纱及复合纱。

（1）短纤维纱线（图 3-1）　纱线是细长的纤维集合体的总称，实际上纱和线是不同的两个概念，有不同的内涵。

纱：以各种短纤维为原料经过纺纱工艺制成的纤维集合体，也称为单纱。纱退捻后是短纤维的组合，可轻松拉断，没有强力。

线：两根或两根以上单纱合并加捻而成的产品，也称为股线。股线退捻后是单纱。

缆线：两根或两根以上股线合并加捻而成的产品，也称为复捻股线。

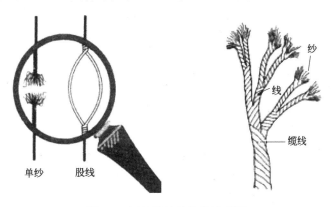

图 3-1　短纤维纱线结构示意图

（2）长丝纱（图 3-2）　长丝纱是在化学纤维成形的同时集束成纱的，即成纤高聚物通过喷丝板形成连续丝条。根据其结构和外形不同，可以分为单丝纱、复丝纱、捻丝和复合捻丝等。

单丝纱：用单孔喷丝板喷出的是单孔长丝纱，即单丝纱。

复丝纱：两根或两根以上单丝合并而成的丝束，如由多孔喷丝头出来并集束而成的长丝纱，简称复丝。

捻丝：复丝纱加捻之后形成的是有捻长丝纱，简称捻丝。

复合捻丝：几根捻丝再合并加捻，形成的就是股线，亦称复合捻丝。

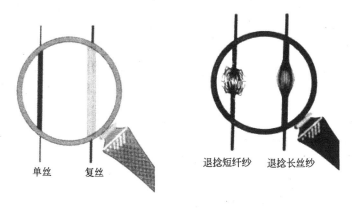

图 3-2　长丝纱线结构示意图

（3）复合纱　复合纱是指由短纤维与长丝纱组合而成的纱线。

包芯纱是典型的长丝/短纤复合纱产品。包芯纱一般由两种不同的纤维组成，以长丝或

图 3-3 氨纶包芯纱
产品示意图

短纤维为纱芯,外包其他纤维加捻而成的纱。纱线的形成可以是短纤维包覆在长丝纱芯上,也可以是长丝纤维包覆在短纤维纱芯上。包芯纱产品的特点为通过外包纤维与芯纱的结合,可以发挥各自的优点,弥补双方的不足,扬长避短优化成纱的结构和特性。氨纶包芯纱是包芯纱中的最常见产品(图 3-3)。

常见包芯纱产品见表 3-1。

烂花包芯纱常用涤纶长丝为纱芯,外包棉纤维加捻而成。当织物中(花纹部分)包覆在涤纶长丝纱外面的棉纤维被酸解后,由于只剩下了涤纶的纱芯骨架(涤纶在酸液中性能稳定),因而就能在织物表面形成立体感很强的花纹。

表 3-1 包芯纱产品一览表

名称	外包短纤维	芯纱(长丝)	产品特点
弹力包芯纱	棉、毛、丝、麻、黏纤、莫代尔等	氨纶为主	生产弹力织物,具有舒适、合身透气、吸湿、美观等特点,广泛用于牛仔布、灯芯绒及针织产品。用于内外衣、泳装、运动服、袜子、手套、医用绷带等
高端包芯缝纫线	纯棉或涤纶	高强、高模量低伸涤纶	高强度、高耐磨、低收缩,适用高速缝纫。棉/涤包芯纱可防静电及热熔现象
烂花包芯纱	棉、黏纤	涤纶、丙纶	经特殊印花工艺,除短纤后布面呈半透明,有立体感花纹,广泛用于装饰用布,如窗帘、台布、床罩等
新型纤维包芯纱	竹浆纤维、彩棉、色化纤等	涤纶为主	充分发挥新型纤维表观视觉效果及手感柔软、吸湿、排湿等优异特性
中空包芯纱	棉、黏纤等	水溶性维纶	维纶经后加工低温溶解长丝后成中空纱,具有蓬松、柔软、富有弹性、优良吸湿性和保暖性的特殊效果
抗菌、防臭包芯纱	抗菌防臭功能性纤维	涤纶等	抗菌、防臭,用于制作内衣、袜子及其他卫生用品。
紫外线、微波屏蔽纤维	纯棉、黏纤	相应高性能长丝	能屏蔽紫外线、微波,军工、民用很有前途
赛洛菲尔包芯纱	纯棉为主	氨纶或一般长丝(夹在 V 形须条之间)	具有包覆均匀、毛羽少、条干好、弹性更优良、覆盖性更好等特点

不锈钢导电纤维因有明火产生不能纺纱,但可用作芯纱制成包芯纱,能发挥导电和屏蔽电磁波功能,同时也提高不锈钢导电纤维的可织性能。

2. 不同纤维组分的纱线

按照纱线中含有的纤维组分,可以将纱线分为纯纺纱线、混纺纱线和交捻纱线。

(1)纯纺纱线 同一种短纤维组成的纱线,如纯棉纱线、毛纱线、黏胶纤维纱线、腈纶纱线、涤纶纱线等。

(2)混纺纱线 由两种或两种以上纤维混纺而形成的纱线。

(3)交捻纱线 由不同组分的纱并合(加捻)而成纱线,如真丝/棉纱交捻纱。

(二)纱线细度的表示与换算

纱线细度可分为直接指标和间接指标。直接指标测量较麻烦,除了羊毛纤维外,其他一般不用直径等直接指标来表示。间接指标分为定长制和定重制两种。包括线密度、英制支数、公制支数和纤度。下面着重介绍间接指标。

（1）线密度 是指1000m长纱线在公定回潮率下的重量克数。它是定长制，数值越大纱线越粗。如36.4tex的涤/棉纱比27.8tex的涤/棉纱粗。

$$Tt = \frac{1000G_0(1+W_k)}{L}$$

式中 Tt——纱线的线密度，tex；

$\quad G_0$——试样干燥重量，g；

$\quad W_k$——试样的公定回潮率，%；

$\quad L$——试样长度，m。

（2）英制支数 在公定回潮率下，1磅重纱线有多少个840码的长度数。它是定重制，数值越大纱线越细。如80英支的棉纱比40英支的棉纱细。

$$N_e = \frac{L_e}{840G_{ek}}$$

式中 N_e——纱线的英制支数，英支；

$\quad G_{ek}$——试样的公定重量，磅；

$\quad L_e$——试样长度，码。

（3）公制支数 在公定回潮率下，1g重纱线的长度米数。它是定重制，数值越大纱线越细。如45公支毛纱比12公支毛纱细。

$$N_m = \frac{L}{G_0} \times \frac{100}{1+W_k}$$

式中 N_m——纱线的公制支数，公支；

$\quad G_0$——试样干燥重量，g；

$\quad W_k$——试样的公定回潮率，%；

$\quad L$——试样长度，m。

（4）纤度 是指在公定回潮率下，9000m纱线所具有的重量克数。它是定长制，数值越大纱线越粗。如150旦的涤纶长丝比100旦的涤纶长丝粗。

$$D = \frac{9000G_0(1+W_k)}{L}$$

式中 D——纱线的纤度，旦；

$\quad G_0$——试样干燥重量，g；

$\quad W_k$——试样的公定回潮率，%；

$\quad L$——试样长度，m。

（5）指标间的换算

$$DN_m = 9000$$
$$TtN_m = 1000$$
$$D = 9Tt$$

(三) 纱线捻度的表示与换算

纱线加捻使纱条的两个截面产生相对回转，使纱条中原来平行于纱轴的纤维倾斜形成螺旋线，倾斜纤维对纱轴产生向心压力，使纤维间产生一定的摩擦力，确保纱条具有一定的强力。加捻是短纤维成纱的必要手段，可使纱线具有一定的强力、弹性、伸长、光泽、手感等物理机械性能。

加捻的指标包括表示加捻程度大小的捻度、捻回角、捻幅和捻系数；表示加捻方向的捻向。

1. 捻度

捻度是指纱线单位长度中的捻回数，其中纱线加捻时两个截面的相对回转数称为捻回数。

特数（线密度）制的捻度以 10cm 的捻回数表示，英制支数制以 1 英寸的捻回数表示，公制支数制以 1m 的捻回数表示。

棉型纱线的捻度常采用特数制，以 10cm 的捻回数表示；精梳毛纱线及化纤长丝的捻度常以 1m 的捻回数表示；粗梳毛纱的捻度常用 10cm 捻回数表示，也可用 1m 的捻回数来表示。

不同单位的捻度换算如下。

$$T_{tex} = 3.937 T_e = 0.1 T_m$$

式中　T_{tex}——特数制捻度，捻/10cm；

　　　T_e——英制捻度，捻/英寸；

　　　T_m——公制捻度，捻/m。

2. 捻系数

实际生产中常用捻系数来表示纱线的加捻程度。捻系数与捻度的关系如下。

$$\alpha_{tex} = T_{tex} \sqrt{Tt}$$

$$\alpha_m = \frac{T_m}{\sqrt{N_m}}$$

$$\alpha_e = \frac{T_e}{\sqrt{N_e}}$$

式中　α_{tex}——特数制捻系数；

　　　α_e——英制捻系数；

　　　α_m——公制捻系数；

　　　T_{tex}——特数制捻度，捻/10cm；

　　　T_e——英制捻度，捻/英寸；

　　　T_m——公制捻度，捻/m；

　　　Tt——纱线的线密度，tex；

　　　N_e——纱线的英制支数，英支；

　　　N_m——纱线的公制支数，公支。

3. 捻向

捻向分 Z 捻（反手）和 S 捻（顺手）两种（图 3-4）。单纱中的纤维或股线中的单纱，在加捻后由下而上，自右至左的称为 S 捻，自左至右的称 Z 捻。

图 3-4　纱线的
捻向示意图

（四）机织物密度的表示与换算

1. 机织物密度

织物密度是指织物纬向和经向单位长度的纱线根数，分经纱密度和纬纱密度。

织物纬向单位长度内的经纱根数称为经纱密度，简称经密；织物经向单位长度内的纬纱根数称为纬纱密度，简称纬密，如图 3-5 所示。

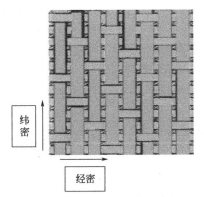

纬密

经密

图 3-5　机织物经纬密度示意图

织物密度可采用公制和英制的表示方法，公制的密度以 10cm 长度内纱线根数表示，英制的密度以 1 英寸长度内纱线根数表示。公制和英制的换算如下。

$$M_i = 0.254 M_g$$

式中　M_i——英制的织物密度，根/英寸；

　　　M_g——公制的织物密度，根/10cm。

表示织物密度时，经密 M_j 和纬密 M_w 自左向右写成 $M_j \times M_w$。如某棉织物的密度为 236 根/10cm×220 根/10cm，表示其经密为 236 根/10cm，纬密为 220 根/10cm；换算成英制为 60 根/英寸×56 根/英寸。

2. 机织物密度的测试方法

机织物密度测试，有织物分解法、织物分析镜法和移动式织物密度镜法，根据织物特征选用合适的测试方法，有争议的情况下，建议采用织物分解法。

为了确保织物密度测试的准确性，测试时的最小测量距离按照表 3-2 确定；如果织物的组织循环较大，最小测量距离应包含至少一个组织循环。

表 3-2　最小测量距离

密度/根·cm⁻¹	10 根以下	10～25	25～40	40 以上
最小测定距离/cm	10	5	3	2

三、技能训练任务

（一）测定机织物中纱线的细度

1. 任务

测试机织物的经、纬向纱线的细度。

2. 要求

学会正确的测试方法，并能进行纱线细度指标的计算。

3. 操作程序

（1）方法一　徒手测试法。

① 取样。取 16cm×16cm 织物两块，沿经向、纬向分别抽去边纱数根，将纱缕修短剪平齐，然后沿经向、纬向分别精确量准 10cm，用笔在此距离的两端划出明显记号。

② 分离纱线。分别从织物中拨出 10 根经纱和纬纱线，操作时可用左手握住纱线的一端，右手用挑针将纱线从织物中轻轻地逐步拨出。

③ 测量纱线伸直长度。以适当张力使纱线伸直而不产生伸长，并保证在拉出或拉直纱线时，不能使纱线产生退捻或加捻，量取两个记号之间的纱线伸直长度。

④ 称重。剪取两记号间的纱线，将 10 根经（纬）纱线合并为一组，分别称取每组纱线的重量。测试结果记录在表 3-3 中。

表 3-3　织物中纱线细度测试结果

试样	伸直长度测试/mm											总重量/mg
	1	2	3	4	5	6	7	8	9	10	平均	
经纱												
纬纱												

⑤ 计算。织物中纱线的线密度按下式计算。

$$Tt = \frac{1000G_a(1+W_k)}{nL(1+W_a)}$$

式中　Tt——纱线的线密度，tex；

G_a——纱线总湿重，mg；

W_k——试样的公定回潮率，%；

W_a——试样的实际回潮率，%；

L——试样中拆下的 10 根纱线的平均伸直长度，mm；

n——一组纱线的根数/根。

织物中纱线的织缩率按下式计算。

$$C = \frac{L-L_0}{L_0} \times 100\%$$

式中　C——织物中纱线的织缩率，%；

L——试样中拆下的 10 根纱线的平均伸直长度，mm；

L_0——伸直纱线在织物中的长度（试样长度），mm。

（2）方法二　张力测试法。

参考标准：GB/T 29256.5——2012《机织物机构分析方法　织物中拆下纱线线密度的测定》。

① 取样。取待测织物至少 2 块，注意试样长度至少为 25cm，宽度至少包括 50 根纱线，沿经向、纬向分别精确量准 25cm，用笔在此距离的两端画出明显记号。

② 调整装置。按表 3-4 调整纱线捻度仪的张力设置。

③ 夹持纱线。用挑针轻轻从织物中拨出最外侧一根纱线，将试样的一端按照标记夹入捻度仪的一个夹钳，使纱线上的标记与夹钳基准线重合，用同样的方法将纱线另一端夹入另一夹钳。

表 3-4 捻度仪张力选择

纱线	线密度/tex	伸直张力/cN
棉纱、棉型纱	≤7	0.75×线密度值
	>7	(0.2×线密度值)+4
毛纱、毛型纱、中长型纱	15～60	(0.2×线密度值)+4
	61～300	(0.07×线密度值)+12
非变形长丝纱	所有线密度	0.5×线密度值

④ 测定纱线伸直长度。放开捻度仪的限位开关，使纱线加上表 3-4 中所示的张力，测定纱线的伸直长度，精确到 0.5mm。重复上述操作，测定 10 根纱线的伸直长度，然后从试样中拆下至少 50 根纱线，形成一组。

⑤ 称重。称取一组纱线的重量。

⑥ 计算织物中纱线的细度和织缩率。

(二) 测定机织物中纱线的捻度

1. 任务

用纱线捻度仪测定织物中纱线的捻度。

2. 要求

规范使用捻度仪，正确计算所测的捻度和捻系数等指标。

3. 操作程序

参考标准：GB/T 29256.5—2012《纺织品 机织物机构分析方法 织物中拆下纱线捻度的测定》。

（1）取样 试样调湿至少 16h，试样长度至少应比试验长度长 7～8cm，确保夹持试样过程中不退捻，宽度满足试验根数要求，具体试样长度和试样根数见表 3-5。

表 3-5 取样要求

纱线种类	试验根数	试验长度/cm
股线和缆线	20	20
长丝纱	20	20
短纤纱	50	2.5

注：1. 在试验长韧皮纤维干纺的原纱（单纱）时，可试验 20 根，试验长度为 20cm。

2. 对某些棉纱，可采用 1.0cm 的最小试验长度。

（2）判断捻向　从织物中取一根纱线，握持纱线两端，判断纱线捻向。

（3）测定捻数　在不使纱线产生意外伸长和退捻的条件下，将纱线一端从织物中侧向抽出，夹紧于捻度仪的一个夹钳中，使试样受到合适的伸直张力后，夹紧另一端。张力按照表3-4所示选取。转到旋转夹钳退捻，直至捻回退尽。记录旋转夹钳的回转数。当回转数不超过5r时，记录结果精确到1/10r；当回转数在5～15r时，记录结果精确到0.5r；当回转数超过15r时，记录结果精确到最接近的整数。

重复上述过程，直至规定的试样根数。结果记录在表3-6中。

表3-6　织物中拆下纱线捻度测试结果记录

试样	试验长度/cm	退捻回转数/r									
		1	2	3	4	5	6	7	8	9	……
经纱											
纬纱											

（4）计算所测经（纬）纱的捻度，根据需要进行换算或计算捻系数。

$$捻度（捻/m）＝\frac{回转数的平均值}{试验长度（cm）}×100$$

（三）测定机织物的密度

1. 任务

测定机织物中的经、纬密度。

2. 要求

学会合适的机织物密度测量方法，掌握机织物密度的换算。

3. 操作程序

参考标准：GB/T 4668—1995《机织物密度的测定》。

（1）方法一　织物分析镜法。

① 试验时将织物分析镜平放在织物上，刻度线沿经纱或纬纱方向，把织物上将要计数的第一根纱线与分析镜底座标尺的左边对齐，转动螺杆使指示针（或用挑针）点着纱线向右逐根计数，一直数到底座标尺的右边。

② 测定织物密度时，把织物分析镜放在布匹的中间部位（距布的头尾不少于5m）进行。纬密必须在每匹经向不同的5个位置检验，经密必须在每匹的全幅上同一纬向不同的位置检验5处，每一处的最小测定距离按表3-7中的规定进行。

表3-7　密度测试时的最小测定距离

密度/根·cm⁻¹	10以下	10～25	25～40	40以上
最小测定距离/cm	10	5	3	2

③ 点数经纱或纬纱根数，精确至0.5根。点数的起点以2根纱线间的空隙为标准。

如起点到纱线中部为止，则最后一根纱线作 0.5 根，凡不足 0.25 根的不计，0.25～0.75 根作 0.5 根计，超过 0.75 作 1 根计，参见图 3-6 密度点数方法。测试结果记录在表 3-8 中。

④ 计算指标，将所测数据折算至 10cm 长度内所含纱线的根数，并求出平均值。密度计算至 0.01 根，修约至 0.1 根。

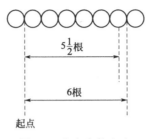

图 3-6　密度点数方法

（2）方法二　织物分解法。

① 在样品的适当部位剪取略大于 10cm 的试样。

② 在试样的边部拆去部分纱线，用钢尺测量，使试样达到 10cm，允差 0.5 根。

③ 在上述准备好的试样中从边缘起逐根拆点，为便于计数，可把纱线排列成 10 根一组，即可得到织物在一定长度内经（纬）向的纱线根数。记录在表 3-8 中。

表 3-8　机织物密度测试结果

方法 结果	织物分解法		织物分析镜法	
	经密/根·cm^{-1}	纬密/根·cm^{-1}	经密/根·cm^{-1}	纬密/根·cm^{-1}
试样一				
试样二				

四、问题与思考

1. 测试织物中纱线细度时，影响测试结果准确性的主要因素有哪些？如何做好弹力纱线细度指标的测试？

2. 常见的织物密度测试方法是什么？如何根据不同织物选择相应的测试方法？

项目四 鉴别纤维的类别

一、任务书

单元任务	(1)燃烧法判断识别各种已知纤维 (2)化学溶解法判断识别各种已知纤维 (3)显微镜法判断识别各种已知纤维 (4)鉴别未知的纤维或制品	参考学时	10~12
能力目标	(1)能通过显微镜下纤维的纵向形态和横截面形态,初步判断识别各种纤维或纤维大类 (2)能通过纤维的燃烧现象,判断识别纤维大类 (3)能通过纤维的化学溶解现象,判断识别各种纤维 (4)能选择合适的鉴别方法,鉴别未知的各种纤维 (5)能读懂纤维的红外光谱图,并与标准图谱对照定性鉴别纤维		
教学要求	(1)从单组分纤维入手介绍纤维鉴别的各种方法 (2)教会学生掌握各种纤维形态结构特征、燃烧特征和化学溶解性能特点等 (3)教会学生选择合适的鉴别方法,有效鉴别未知纤维 (4)引导学生思考制定多组分纤维成分鉴别的方案 (5)组织学生以团队形式进行实验,教师现场指导答疑,促进学生技能的掌握		
方法工具	(1)显微镜、载玻片、盖玻片、切片器、熔点仪、红外光谱仪等 (2)酒精灯、剪刀、镊子等 (3)试管、试管架、试管夹、温度计、水浴锅、电炉等		
参考标准	FZ/T 01057—2007《纺织纤维鉴别试验方法》		
提交成果	分析报告		
主要考核点	(1)分析结果的准确性 (2)分析方法的合理性 (3)操作过程的规范性 (4)出勤率、参与态度等		
评价方法	(1)过程考核与结论考核相结合 (2)教师评价和学生评价相结合		

二、知识要点

(一)各种纤维的形态结构特征

1. 棉纤维

棉纤维是由棉籽表皮细胞突起生长而形成的。细胞壁内,纤维素大分子的生长方向不同，因而内应力不均匀，成熟棉纤维呈收缩和扭曲现象。棉纤维成熟度越高，天然扭曲数越多。显微镜下，棉纤维横截面的呈不规则的腰圆形，有中腔；纵向呈扁平带状，有天然扭曲，且沿纤维纵向不断改变扭转的方向。天然扭曲是棉纤维重要的外观形态特性，也是棉纤维鉴别的重要依据之一。棉纤维纵、横向的形态结构如图 4-1 所示。

染整加工过程中，棉织物有时会经过丝光加工，即经过浓碱处理。棉纤维经浓碱处理后，由于发生了不可逆转的剧烈溶胀，横截面近似圆形或不规则腰圆形，有中腔，但较小；纵向近似圆柱状，有光泽和缝隙。丝光棉的纵、横向的形态结构如图 4-2 所示。

 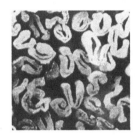  

图 4-1 棉纤维的纵、横向形态结构　　　　　图 4-2 丝光棉纤维的纵、横向形态结构

2. 麻纤维

麻的种类较多，亚麻、苎麻、大麻、黄麻等属于韧皮纤维，质地柔软，适合制成纺织品。麻纤维成束分布在植物韧皮层中，纵向彼此穿插，横向绕全茎相互连接。麻纤维纵向有条纹（竖纹），这与纤维中大分子组成的原纤的排列有关。宽度变化的地方有横节（麻节），这是由于纤维在此处紧张弯曲导致部分原纤分裂所致。所有麻纤维都具有这样的特征，是麻纤维初步鉴别的重要依据。但各种麻纤维的外观形态也存在一定的差异。几种麻纤维的形态结构如图 4-3～图 4-6 所示。

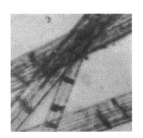 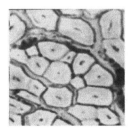 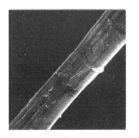 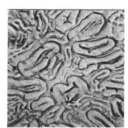

图 4-3 亚麻纤维的纵、横向形态结构　　　　　图 4-4 苎麻纤维的纵、横向形态结构

 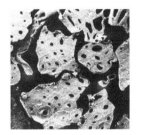 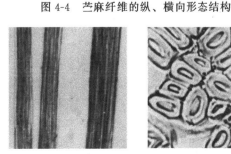 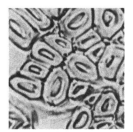

图 4-5 大麻纤维的纵、横向形态结构　　　　　图 4-6 黄麻纤维的纵、横向形态结构

亚麻纤维横截面呈多边形，有中腔，纤维较细，表面光滑，纵向有明显的节纹和竹状横节，纤维两端稍细，呈纺锤形。

苎麻纤维横截面呈腰圆形，有中腔，纤维较粗，纵向有长形条纹或竹状横节，单纤维两端呈锤头形或分支。

大麻纤维横截面呈多边形、扁圆形、腰圆形等，有中腔，纤维直径及形态差异很大，横节不明显，纤维两端直径与中段直径近似相等，尖端为钝尖形。

黄麻纤维横截面呈多边形，有中腔，纵向有长形条纹，横节不明显。

3. 竹纤维

竹纤维分为竹原纤维和竹浆纤维。竹原纤维是通过前处理、分解、成型和后处理工序，去除竹子中的木质素、多戊糖等杂质，直接提取的天然纤维。竹浆纤维属于再生纤维素纤维，是利用竹浆采取黏胶纺丝工艺生产而成的竹浆黏胶纤维。竹浆黏胶纤维与传统黏胶纤维相比只是材料来源不一样，其各方面性能与黏胶纤维类似，纤维检验上通常将其作为黏胶纤维。竹原纤维横截面呈腰圆形，有空腔，纤维粗细不匀，有长形条纹和竹状横节。竹浆纤维横截面不规则的椭圆形、近圆形等，纵向条干均匀，表面有沟槽。竹纤维的形态结构如图 4-7、图 4-8 所示。

图 4-7　竹原纤维的纵、横向形态结构

 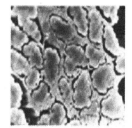

图 4-8　竹浆纤维的纵、横向形态结构

4. 黏胶纤维

黏胶纤维属于再生纤维素纤维，是以天然纤维素为原料，经碱化、老化、磺化等工序，用湿法纺丝制成。黏胶纤维纵向为平直的圆柱体，表面光滑，但有清晰的沟槽，横截面为锯齿形，具有皮芯结构。黏胶纤维的形态结构如图 4-9 所示。

5. 铜氨纤维

铜氨纤维也是再生纤维素纤维，它是将棉短绒等天然纤维素溶解在氢氧化铜或碱性铜盐的浓氨溶液中，经湿法纺丝制成的。铜氨纤维的形态结构如图 4-10 所示，纤维表面平滑有光泽，横截面为圆形或近似圆形，无皮芯结构。铜氨纤维细软，光泽适中，具有蚕丝的风格，常用作高档丝织物、针织物及西服里料。

6. 醋酯纤维

醋酯纤维是以纤维素为原料，纤维素分子上的羟基（—OH）与醋酸作用生成醋酸纤维素酯，经干法或湿法纺丝制得的。根据羟基被乙酰化的程度分为二醋酯和三醋酯。醋酯纤维的形态结构如图 4-11 所示，纤维表面光滑，有沟槽，横截面呈三叶形或不规则锯齿形，无皮芯结构。

7. 莫代尔纤维

莫代尔（modal）纤维是较早开发的新型再生纤维素纤维，是运用高质量的木浆以及改进黏胶纤维的生产工艺后获得的一种高湿模量的再生纤维素纤维。典型的莫代尔纤维横截面为哑铃型，纵向表面光滑，通常有贯穿纤维轴向的一根条纹。莫代尔纤维的形态结构如图 4-12所示。纤维检验时会遇到没有典型轴向条纹的莫代尔纤维，与莱赛尔纤维外观上很相似，可尝试用乳酸浸渍后，再观察其外观形态。

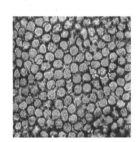

图 4-9　黏胶纤维的纵、横向形态结构　　　　图 4-10　铜氨纤维的纵、横向形态结构

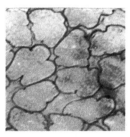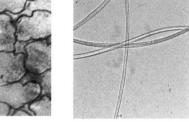

图 4-11　醋酯纤维的纵、横向形态结构　　　　图 4-12　莫代尔纤维的纵、横向形态结构

8. 莱赛尔纤维

莱赛尔（lyocell）纤维是一种新型再生纤维素纤维。是以天然纤维素为原料采用叔胺氧化物溶剂纺丝技术制取的一种环保型绿色纤维。纤维纵向呈光滑的棒状形态，横截面呈圆形或近似圆形。莱赛尔纤维的形态结构如图 4-13所示。如滴加 11％左右的 NaOH 溶液，可观察到纤维横向膨胀一倍多，同时轴向发生收缩。

莱赛尔纤维与铜氨纤维外观形态很相似，但燃烧后的残留物稍有差异，可以利于莱赛尔纤维易原纤化的现象来鉴别这两种纤维。方法为将纤维在水溶液中搓揉多次后，

图 4-13　莱赛尔纤维的纵、横向形态结构

在显微镜下观察，莱赛尔纤维发生原纤化现象，在纤维表面形成毛羽，而铜氨纤维没有原纤化的现象。

铜氨纤维与莱赛尔纤维也可用 Shirlastain 纤维鉴定剂（一种纤维鉴别的着色剂）进行染色确认，染为紫色的为铜氨纤维，染为粉色则为莱赛尔纤维；采用试剂碘-碘化钾着色，铜氨纤维呈现青黑色，莱赛尔纤维呈现茶褐色。

9. 蚕丝

蚕丝是由蚕体内的丝液经吐丝口吐出凝固而成，主要有桑蚕丝和柞蚕丝两种。每根茧丝由两根平行的单丝组成，里面是丝素，外面包覆着丝胶。各种蚕丝在显微镜下的纵、横截面形态结构有所差异。未脱胶的桑蚕丝横截面呈不规则的椭圆形，脱去丝胶后呈不规则的三角形，角是圆的。柞蚕丝横截面呈细长三角形，似牛角，内部有细小的毛孔。桑蚕丝的纵向为棒状，表面光滑有光泽，柞蚕丝呈扁平带状，表面有微细条纹。蚕丝的形态结构如图 4-14、图 4-15 所示。

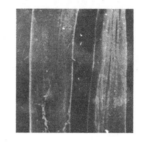

图 4-14　桑蚕丝的纵、横向形态结构　　　　　图 4-15　柞蚕丝的纵、横向形态结构

10. 羊毛和羊绒

羊毛和羊绒的外观形态特征性强，在日常检测中，一般通过显微镜观测法便可鉴别。羊毛和羊绒纤维纵向为鳞片状覆盖的圆柱体，横截面为圆形、近似圆形或椭圆形。羊绒比羊毛更细、更柔软，纵向的精细均匀度比羊毛好，且无髓质层。从鳞片形态来看，羊毛呈环状、瓦状包覆着毛干，鳞片层厚且翘角大，边缘线粗而不清晰，鳞片表面粗糙；羊绒的鳞片一般呈环状包覆着毛干，鳞片层薄且翘角小，边缘线细且清晰，鳞片表面平整光滑，鳞片密度小。羊毛和羊绒的鉴别，主要通过鳞片层上的细微差异和是否存在髓质层来判别。两者的形态结构如图 4-16、图 4-17 所示。

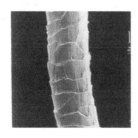
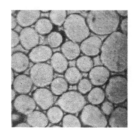
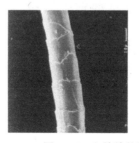

图 4-16　绵羊毛的纵、横向形态结构　　　　　图 4-17　山羊绒的纵、横向形态结构

11. 其他动物毛绒

马海毛、羊驼毛、兔毛、牦牛绒、骆驼绒的形态结构如图 4-18～图 4-22 所示。

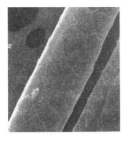

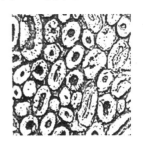

图 4-18　马海毛的纵、横向形态结构　　　　　图 4-19　羊驼毛的纵、横向形态结构

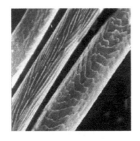
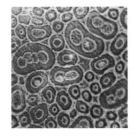
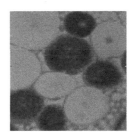

图 4-20　兔毛的纵、横向形态结构　　　　　图 4-21　牦牛绒的纵、横向形态结构

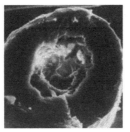

图 4-22　骆驼绒的纵、横向形态结构　　　　图 4-23　大豆蛋白复合纤维的纵、横向形态结构

12. 大豆蛋白复合纤维

大豆蛋白复合纤维是一种再生植物蛋白纤维，是指大豆的豆粕中提取的蛋白质大分子与其他大分子如聚丙烯腈、聚乙烯醇、再生纤维素等以接枝、共聚、共混等方式，经湿法纺丝而形成的改性复合纤维。纵向呈沟槽结构，表面有蛋白质颗粒，横截面呈腰子形或哑铃形。大豆蛋白复合纤维的形态结构如图 4-23 所示。

13. 牛奶蛋白复合纤维

牛奶蛋白复合纤维是从牛奶中分离出的蛋白质大分子与聚丙烯腈、聚乙烯醇等以接枝、共聚、共混等方式，经湿法纺丝而成的一种复合纤维。纤维纵向有沟槽和点状黏附物质，横截面近似圆形且呈"砂粒"堆积状，估计是蛋白质大分子和基体大分子无法达到分子级复合而呈现的两相微观结构。牛奶蛋白复合纤维的形态结构如图 4-24 所示。

14. 聚乳酸纤维

聚乳酸纤维是采用天然糖的发酵产物为单体合成聚合物，再经熔融纺丝制成，又称玉米纤维。可生物降解，其性能类似于合成纤维。横截面近以圆形，纵向呈光滑棒状。聚乳酸纤维与聚酯纤维的横截面比较相似，但是纵向形态上聚乳酸纤维颜色深浅不一，存在无规律性的斑点疤痕或不连续性条纹，与其他纤维有差异。聚乳酸纤维的形态结构如图 4-25 所示。

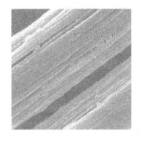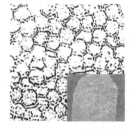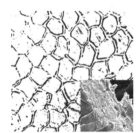

图 4-24　牛奶蛋白复合纤维的纵、横向形态结构　　　　图 4-25　聚乳酸纤维的纵、横向形态结构

15. 涤纶、锦纶和丙纶

涤纶、锦纶和丙纶采用熔体纺丝。熔体纺丝时，熔融的高聚物通过喷丝孔压出，在空气中降温固化，其纤维截面形态与喷丝孔形状有关，常规截面为圆形。涤纶、丙纶的形态结构如图 4-26、图 4-27 所示。

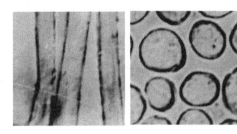

图 4-26　常规涤纶的纵、横向形态结构　　　　图 4-27　常规丙纶的纵、横向形态结构

16. 腈纶、维纶

大部分腈纶、维纶、氯纶多用湿法纺丝；氨纶、部分维纶和腈纶用干法纺丝。湿法纺出的丝条在溶液中因溶剂析出而固化，截面多为非圆形，且有明显的皮芯结构。腈纶、维纶的形态结构如图 4-28、图 4-29 所示。

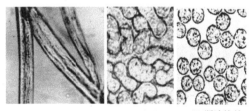

(a) 干法纺丝　　(b) 湿法纺丝

图 4-28　腈纶的纵、横向形态结构　　　　图 4-29　湿法纺丝维纶的纵、横向形态结构

各种纤维的形态结构特征归纳为表 4-1 所示。

表 4-1 各种纤维形态结构特征

纤维名称	纵向形态	横截面形态
棉	扁平带状,有天然扭曲	有中腔,呈不规则的腰圆形
丝光棉	近似圆柱状,有光泽和缝隙	有中腔,近似圆形或不规则腰圆形
苎麻	纤维较粗,有长形条纹及竹状横节	腰圆形,有中腔
亚麻	纤维较细,有竹状横节	多边形,有中腔
大麻	纤维直径及形态差异很大,横节不明显	多边形、扁圆形、腰圆形等,有中腔
黄麻	有长形条纹,横节不明显	多边形,有中腔
竹原纤维	纤维粗细不匀,有长形条纹及竹状横节	腰圆形,有空腔
黏胶纤维	表面平滑,有清晰的沟槽	锯齿形
铜氨纤维	表面平滑,有光泽	圆形或近似圆形
醋酯纤维	表面光滑,有沟槽	三叶形或不规则锯齿形
莫代尔纤维	表面平滑,有沟槽	哑铃形
莱赛尔纤维	表面平滑,有光泽	圆形或近似圆形
桑蚕丝	有光泽,纤维直径及形态有差异	三角形,角是圆的
柞蚕丝	扁平带状,有微细条纹	细长三角形
羊毛	表面粗糙,有鳞片	圆形或近似圆形,有髓腔
羊绒(山羊绒)	鳞片较薄且包覆较完整,鳞片间距较大(紫羊绒有色斑)	圆形或近似圆形(紫羊绒有色斑)
马海毛	鳞片平阔,呈瓦状,排列整齐,紧贴于毛干,很少重叠;鳞片边缘光滑,光泽好;直径较粗,有的有斑痕	椭圆形或近似圆形,有的有髓腔
羊驼毛	鳞片层薄,翘角小,表面光滑有光泽,一般有较宽的点状形或间断形髓腔	圆形或近似圆形,有髓腔
兔毛	鳞片较小与纤维纵向呈倾斜状紧密排列,层层覆盖,髓腔有单列、双列、多列	圆形、近似圆形或不规则四边形,髓腔呈算珠状排列
牦牛绒	表面光滑,鳞片较薄短小且边缘翘角小,辉纹不明显,有条状褐色色斑	椭圆形或近似圆形,有色斑
骆驼绒	鳞片与纤维纵向呈倾斜状,有色斑。鳞片间相互重叠和镶嵌,鳞片轮廓没有羊绒清晰,边缘不翘起,无鳞片间隙	圆形或近似圆形,有色斑
大豆蛋白复合纤维	扁平带状,有沟槽和颗粒	腰子形(或哑铃形)
牛奶蛋白复合纤维	有沟槽和点状黏附物质	近似圆形且呈"砂粒"堆积状
聚乳酸纤维	表面平滑,有的有小黑点	圆形或近似圆形
涤纶	平滑,有的有小黑点	圆形或近似圆形(除异形丝)
锦纶	平滑,有的有小黑点	圆形或近似圆形(除异形丝)
丙纶	平滑	圆形或近似圆形(除异形丝)
腈纶	平滑,有沟槽或条纹	圆形、哑铃形或叶状
维纶	扁平带状,有沟槽	腰子形或哑铃形

续表

纤维名称	纵向形态	横截面形态
氯纶	平滑	圆形、蚕茧形
氨纶	平滑	圆形或近似圆形
聚对苯二甲酸丙二醇酯纤维	表面光滑,但有黑点	近似圆形
聚乳酸纤维	表面光滑	近似圆形

(二) 各种纤维的燃烧特征

1. 各种纤维素纤维的燃烧特征

大多数纤维素纤维的燃烧特征具有共性,即靠近火焰不熔不缩,接触火焰立即燃烧,离开火焰继续燃烧,燃烧时气味为燃纸味。其燃烧灰烬略有差异。但醋酯纤维分子由于亲水性的羟基被乙酰化,属于纤维素的衍生物,可以认为是半合成纤维,故燃烧特征和其他纤维素纤维差异较大。各种纤维素纤维燃烧特征见表 4-2。

表 4-2　各种纤维素纤维燃烧特征

纤维名称	燃烧状态			气　味	残留物特征
	靠近火焰	接触火焰	离开火焰		
棉	不熔不缩	立即燃烧	迅速燃烧	燃纸味	细而软的灰黑絮状
麻	不熔不缩	立即燃烧	迅速燃烧	燃纸味	细而软的灰白絮状
竹原纤维	不熔不缩	立即燃烧	迅速燃烧	燃纸味	细而软的灰黑絮状
黏胶纤维铜氨纤维	不熔不缩	立即燃烧	迅速燃烧	燃纸味	少许灰白色灰烬
莫代尔纤维莱赛尔纤维	不熔不缩	立即燃烧	迅速燃烧	燃纸味	细而软的灰黑絮状
醋酯纤维	熔缩	熔融燃烧	熔融燃烧	醋味	硬而脆不规则黑块

2. 各种蛋白质纤维的燃烧特征

蚕丝、羊毛等动物毛绒属于天然蛋白质纤维,主要由碳、氢、氧、氮等元素组成,燃烧时呈现出蛋白质纤维燃烧时的独有特点。接触火焰时卷曲、熔融、燃烧;离开火焰后,蚕丝略带闪光燃烧有时自灭,羊毛燃烧缓慢有时自灭;燃烧时均发出烧毛发气味。残留物均松而脆,形态略有差异。燃烧法是初步鉴别天然蛋白质纤维的有效方法。

大豆、牛奶蛋白复合纤维燃烧时,既有蛋白质纤维的燃烧特征,也有其复合的另一种纤维的燃烧特征。它们的有效鉴别要联合运用多种方法。聚乳酸纤维的燃烧特性,类似于合成纤维,且燃烧时伴有液体状物质熔落,火焰边缘呈蓝色,烟雾很少,有淡淡甜味。各种蛋白质纤维的燃烧特征见表 4-3。

表4-3 各种蛋白质纤维燃烧特征

纤维名称	燃烧状态			气味	残留物特征
	靠近火焰	接触火焰	离开火焰		
桑蚕丝	熔融卷曲	卷曲、熔融、燃烧	略带闪光燃烧有时自灭	烧毛发味	松而脆的黑色颗粒
羊毛等动物毛绒	熔融卷曲	卷曲、熔融、燃烧	燃烧缓慢有时自灭	烧毛发味	松而脆的黑色焦炭状
大豆蛋白复合纤维	熔融	缓慢燃烧	继续燃烧	特异气味	黑色焦炭状硬块
牛奶蛋白复合纤维	熔融	缓慢燃烧	继续燃烧有时自灭	烧毛发味	黑色焦炭状，易碎
聚乳酸纤维	熔融	熔融,缓慢燃烧	继续燃烧	特异气味	硬而黑的圆珠状

3. 各种合成纤维的燃烧特征

合成纤维燃烧时，其燃烧特征不同于纤维素纤维和蛋白质纤维，大多数合成纤维靠近火焰有收缩、熔融现象，在火焰中燃烧有熔滴滴落，燃烧后残留物一般有硬的颗粒状物质。常用合成纤维的燃烧特征见表4-4。

表4-4 常用合成纤维的燃烧特征

纤维名称	燃烧状态			气味	残留物特征
	靠近火焰	接触火焰	离开火焰		
涤纶	熔融收缩	熔融燃烧冒黑烟	继续燃烧,但易自灭	有甜味	硬而光亮的深褐色圆珠状,不易捻碎
锦纶	熔融收缩	熔融燃烧	自灭	有特殊气味	硬淡棕色透明圆珠状
腈纶	收缩	收缩燃烧	继续燃烧冒黑烟	有辛辣味	黑色不规则小珠,易碎
丙纶	边收缩边熔融	熔融燃烧	继续燃烧	轻微沥青味	硬而光亮的灰白色蜡状物
维纶	收缩	收缩燃烧	继续燃烧冒黑烟	特有香味	不规则焦茶色硬块
氯纶	熔融收缩	熔融燃烧冒黑烟	自灭	特异气味	深棕色硬块
氨纶	熔融收缩	熔融燃烧	开始燃烧后自灭	特异气味	白色胶状物
聚对苯二甲酸丙二醇酯纤维	熔缩	熔融燃烧	继续燃烧,有熔滴滴下,冒黑烟	无特殊气味	褐色蜡片状
聚乳酸纤维	熔缩	熔融燃烧	继续燃烧,有熔滴滴下	无特殊气味	淡黄色胶状物

（三）各种纤维的化学溶解性能

1. 各种纤维素纤维的化学溶解性能

纤维素纤维的主要成分是纤维素，对碱较稳定，对酸敏感。纤维素高分子中的1,4-苷键对酸敏感，这是因为酸对纤维素分子中的苷键水解起催化作用，导致纤维素大分子聚合度降低，因此酸对纤维素纤维的作用是其化学特征反应。各种纤维素纤维因其生长或生产方式不同，其物理性能如聚合度等也存在差异，在不同浓度的酸性溶液中的溶解性能也有差异，见表4-5。

表4-5　各种纤维素纤维在化学试剂中的溶解性能

纤维名称	70%~75%硫酸		59%~60%硫酸		40%硫酸		37%盐酸	15%~20%盐酸	88%甲酸		5%氢氧化钠	
	室温	煮沸	室温	煮沸	室温	煮沸	室温	室温	室温	煮沸	室温	煮沸
棉	S	S_0	I	S	I	P	I	I	I	I	I	I
麻	S	S_0	P	S_0	S	S_0	I	I	I	I	I	I
黏胶纤维	S	S_0	P	S_0	I	S	S	I	I	I	I	I
铜氨纤维	S_0	S_0	S_0	S	I	S_0	I	I	I	I	I	I
莫代尔纤维	S	S_0	S	S	S	I	S	S	I	I	I	I
莱赛尔纤维	S	S_0	S	S	S	S_0	S	S	I	I	I	I
醋酯纤维	S_0	S_0	S	S_0	I	I	S	I	S_0	S_0	I	P
三醋酯纤维	S_0	S_0	S	S_0	I	I	S	S	S_0	S_0	I	P

注：S_0—立即溶解，S—溶解，P—部分溶解，I—不溶解。溶解时间5min，室温指24～30℃。

此外，醋酯纤维在鉴别时，三醋酯纤维在冰醋酸中，二醋纤在丙酮或冰醋酸中溶解性能优良，这是鉴别二者与其他纤维的好方法。

2. 各种蛋白质纤维的化学溶解性能

蛋白质由二十多种α-氨基酸缩聚为成纤高聚物构成，所以它们的溶解性能由多缩α-氨基酸大分子的溶解性能决定，其中的肽键在酸、碱作用下会水解成小分子的α-氨基酸，因此蛋白质纤维不耐强酸碱，常规的酸碱都能导致纤维中蛋白质大分子的水解。蛋白质纤维的耐酸性比耐碱性稍好，但仅限于稀酸、低温、短时间条件下。蛋白质纤维的溶解性能见表4-6。

表4-6　各种蛋白质纤维在化学试剂中的溶解性能

纤维名称	70%~75%硫酸		40%硫酸		37%盐酸	15%~20%盐酸	5%氢氧化钠		2.5%~3%氢氧化钠		1mol/L次氯酸钠	
	室温	煮沸	室温	煮沸	室温	室温	室温	煮沸	室温	煮沸	室温	煮沸
桑蚕丝	S_0	S_0	I	S_0	P	I	I	S_0	I	I	S	S_0
羊毛等动物毛绒	I	S_0	I	S_0	I	I	I	S_0	I	S_0	S	S_0
大豆蛋白复合纤维	P	S_0	S	S_0	P	P	I	I	I	I	I	S
牛奶蛋白复合纤维	I	S_0	I	S_0	I	I	I	I	I	I	P	P
聚乳酸纤维	I	I	I	I	I	I	I	I	I	I	I	I

此外，牛奶蛋白复合纤维在2.5%NaOH溶液中100℃恒温加热30min，纤维体积溶胀呈冻胶状，溶胀过程伴随着颜色变化。用普通方法难以区别大豆与牛奶蛋白复合纤维，可先将它们在适当的溶剂中水解，再对水解产物进行氨基酸含量分析并比对。

聚乳酸纤维化学稳定性好，常温下溶于98%的浓硫酸和二氯甲烷。在煮沸的5%NaOH溶液中可以缓慢溶解，5min后溶液呈透明状，冷却至室温溶液无变化。

3. 各种合成纤维的化学溶解性能

各类纤维材料对酸、碱、有机溶剂等化学试剂的稳定性不同，常用合成纤维的溶解性能见表4-7。

表4-7 常用合成纤维的溶解性能

纤维名称	15%～20% 盐酸	70%～75% 硫酸	95%～98% 硫酸	5%氢氧化钠(沸)	88%甲酸	间甲酚	二甲基甲酰胺
涤纶	I	I	S	I	I	S(加热)	I
锦纶	S	S	S	I	S	S(加热)	I
腈纶	I	S	S	I	I	I	S(加热)
丙纶	I	I	I	I	I	I	I
维纶	I	S	S	I	S	I	I
氯纶	I	I	I	I	I	P(S加热)	S_0
氨纶	I	S	S	I	I	S	I
聚对苯二甲酸丙二醇纤维	I	P_{SS}	S	I	I	I	I
聚乳酸纤维	I	P_{SS}	S	I	I	S_0	I

（四）各种合成纤维的熔点

高聚物内晶体完全消失时的温度，即晶体熔化时的温度称为熔点。合成纤维在高温作用下，大分子间链接结构产生变化，先软化后熔融。大多数合成纤维不像纯晶体一样有确切的熔点，同一纤维因制造厂不同或批号不同，熔点也有差异。但是同一种纤维的熔点都固定在一个比较狭小的范围内，由此可以确定纤维的种类。天然纤维素纤维、再生纤维素纤维、蛋白质纤维，由于其熔点高于分解点，在高温作用下不熔融而分解或炭化。

熔点法一般适用于鉴别熔点特征明显的合成纤维，不适用于天然纤维素纤维、再生纤维素纤维和蛋白质纤维。一般不单独作为定性鉴别的手段，可在其他方法鉴别的基础上作为证实的一种补充方法。

在熔点仪或带有加热和测温装置的偏光显微镜下观察纤维消光时的温度来测定纤维的熔点，达到鉴别纤维类别的目的。特别对于涤纶、锦纶及丙纶等合成纤维，其纵、截面形态特征及燃烧性能很类似，用熔点法鉴别具有较大的优势。主要合成纤维的熔点见表4-8。

（五）常见纤维的红外光谱

红外光谱（Infrared Spectroscopy，IR）的研究开始于20世纪初期，当时科学家已发表了100多种有机化合物的红外光谱图，为鉴别未知化合物提供了有力的鉴别手段。70年代以后，在电子计算机技术发展的基础上，傅立叶变换红外光谱（FTIR）实验技术进入现代化学家的实验室，成为结构分析的重要工具。

表 4-8 常用合成纤维的熔点

序号	纤维名称	熔点/℃
1	聚对苯二甲酸乙二酯(PET)	255~260
2	聚对苯二甲酸丙二酯(PTT)	222.2~226.1
3	聚对苯二甲酸丁二酯(PBT)	200.0~210.0
4	锦纶6(PA6)	220 左右(215~224)
5	锦纶66(PA66)	260 左右(259~267)
6	腈纶(PAN)	不明显
7	维纶(PVA)	不明显
8	丙纶(PP)	165~170
9	乙纶(PE)	130 左右
10	聚乳酸纤维(PLA)	158.1~168.6

注：某些合成纤维的熔点比较接近，有的纤维没有明显的熔点。有色纤维，特别是纺前着色的纤维，比理论熔点低一些。

1. 红外光谱的基本原理

当一束具有连续波长的红外光照射到被测样品上时，该物质分子中某个基团的振动频率或转动频率和红外光的频率一样时，分子的吸收能量由原来的基态振（转）动能级跃迁到能量较高的振（转）动能级，分子吸收红外光辐射能后，发生振动和转动能级的跃迁，该处波长的光就被物质吸收。将分子吸收红外光的情况用仪器记录下来，就得到红外光谱图。所以，红外光谱是利用物质对红外光的吸收特性实现纤维结构的分析，光谱中每一个特征吸收谱带都包含了样品分子基团和键的信息，不同物质有不同的红外吸收谱图。

红外光谱图通常用波长（λ）或波数（σ）为横坐标，表示吸收峰的位置，用透光率（$T\%$）或者吸光度（A）为纵坐标，表示吸收强度。

2. 红外光谱的分区

红外光谱的波长范围为 $0.75\sim1000\mu m$。通常将红外光谱分为近红外区、中红外区和远红外区三个区域，其波长、波数见表4-9。

表 4-9 红外光谱波长、波数之间的关系

波段	波长/μm	波数/cm^{-1}
近红外区	0.75~2.5	13330~4000
中红外区	2.5~25	4000~400
远红外区	25~1000	400~10

注：波数是波长的倒数，它表示每厘米长光波中波的数目。

一般说来，近红外光谱是由分子的倍频、合频产生的；中红外光谱属于分子的基频振动

光谱；远红外光谱则属于分子的转动光谱和某些基团的振动光谱。由于绝大多数有机物和无机物的基频吸收带都出现在中红外区，因此中红外区是研究和应用最多的区域，通常所说的红外光谱即指中红外光谱。

按吸收峰的来源，可以将中红外光谱图大体上分为特征频率区和指纹区两个区域。

① 特征频率区（4000～1300cm^{-1}）。特征频率区中的吸收峰基本是由基团的伸缩振动产生，数目不是很多，但具有很强的特征性，因此在基团鉴定工作上很有价值，主要用于鉴定官能团。如羰基，不论是在酮、酸、酯或酰胺等类化合物中，其伸缩振动总是在 5.9μm 左右出现一个强吸收峰，如谱图中 5.9μm 左右有一个强吸收峰，则大致可以断定分子中有羰基。

② 指纹区（1300～400cm^{-1}）。峰多而复杂，没有强的特征性，主要是由一些单键 C—O、C—N、C—H、O—H 等基团的振动产生。当分子结构稍有不同时，该区的吸收就有细微的差异。这种情况就像每个人都有不同的指纹一样，因而称为指纹区。指纹区对于区别结构类似的化合物很有帮助。

3. 常见纤维的红外光谱图

高分子物质的特征基团在红外光谱图上有 3 个主要特征：吸收峰的位置、吸收峰的强度以及吸收峰的形状。不同物质的红外光谱有显著差异，利用这一原理可对纺织纤维进行鉴别。

利用红外光谱对纺织纤维进行鉴别时，主要有"测谱"和"读谱"2 个过程。测谱就是要实测未知纤维的红外光谱，读谱即将未知纤维的红外光谱与已知纤维的标准光谱对比，由此可以确定未知纤维的类别。红外光谱定性分析纺织纤维具有快速、方便的特点，目前已得到广泛的应用。

常见纺织纤维的红外光谱图如图 4-30～图 4-37 所示，各种纤维的主要特征吸收谱可见其他参考材料。

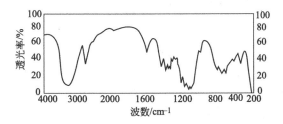

图 4-30　棉纤维的红外光谱

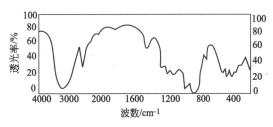

图 4-31　麻纤维的红外光谱

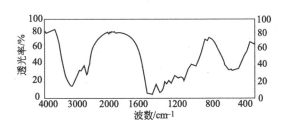

图 4-32　羊毛纤维的红外光谱

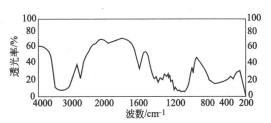

图 4-33　蚕丝纤维的红外光谱

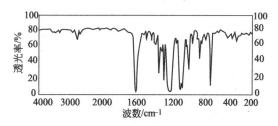

图 4-34　涤纶的红外光谱

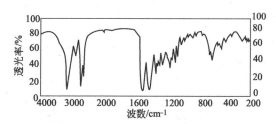

图 4-35　锦纶的红外光谱

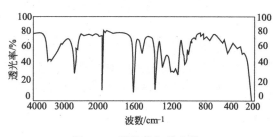

图 4-36　腈纶的红外光谱

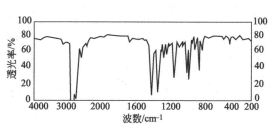

图 4-37　丙纶的红外光谱

红外光谱特征吸收谱带的强度除与分子结构有关外，还与光程中所含的分子数有关，通过测定红外光谱图中的特征谱带的强度，可计算分子数的多少。因此根据郎伯比尔（Lambert-Beer）定律，利用红外光谱可以对纺织原料组分进行定量分析。红外光谱进行纺织原料组分的定量分析，已有一定报道并仍在不断研究中。

三、技能训练任务

(一) 燃烧法判断识别各种已知纤维

1. 任务

运用燃烧法判别并比较各种纤维。

2. 要求

① 对给定的各种已知合成纤维分别进行燃烧法实验，观察纤维在火焰下燃烧时的现象、气味以及燃烧后残留物特征，记录试验现象并比较分析。

② 参照 FZ/T 01057.2—2007 纺织品纤维鉴别试验方法的第 2 部分：燃烧法。

3. 操作程序

① 在检查酒精灯内酒精量及灯芯长度合适的基础上点燃酒精灯。

② 取试样少许捻成细束状，用镊子夹住缓慢靠近火焰，观察对热的反应情况，记录现象。

③ 将试样移入火焰，使其充分燃烧，观察纤维在火焰中的燃烧情况，记录现象。

④ 试样撤离火焰，观察纤维离开火焰后的燃烧情况，记录现象。

⑤ 试样火焰熄灭时,嗅其气味,并记录其特征。

⑥ 试样冷却后观察残留物的状态,用手轻捻并记录其特征。

4. 注意事项

① 切忌在燃烧状态添加酒精,酒精灯用完后应及时加盖熄灭火焰。

② 燃烧现象不明显时可反复重试。

③ 对燃烧特征较为接近的纤维,可辅以其他手段进行综合判别。

(二) 化学溶解法判断识别各种已知纤维

1. 任务

运用化学溶解法判别并比较各种纤维。

2. 要求

① 对给定的各种已知纤维分别用不同的化学试剂、不同的温度进行溶解实验,记录实验现象并比较分析。

② 每份试样取 2 份进行试验,如溶解结果差异显著,应重试。

③ 参照 FZ/T 01057.4—2007 纺织品纤维鉴别试验方法的第 4 部分:溶解法。

3. 操作程序

① 取少量纤维试样置于试管或小烧杯中,注入适量溶剂或溶液(试样和试剂用量比至少为 1:50)。

② 在常温下摇动 5min,静止后观察纤维的溶解情况,并记录现象。

③ 对在常温下难溶的纤维,将装有试样的容器加热至沸腾,并保持 3min 观察纤维的溶解情况,并记录现象。

4. 注意事项

① 注意均匀加热,并控制沸腾时间,以免水分蒸发后使溶液浓度增加,从而影响试验结果。

② 对于着色的纤维及其制品,溶液的颜色可能会影响结果判断,此时可将处理液适当加水冲淡,然后静止再继续观察。

③ 对溶解性能差异小的纤维,可辅以其他手段进行综合判别。

(三) 显微镜法判断识别各种已知纤维

1. 任务

运用显微镜法判别并比较各种纤维。

2. 要求

① 每小组任选 1 种给定的已知纤维,制作纵、横向切片。

② 用显微镜观察各种纤维的纵、横向结构，比较分析并画出切片图。

③ 参照 FZ/T 01057.3—2007 纺织品纤维鉴别试验方法的第 3 部分：显微镜法。

3. 操作程序

① 纵面观察：取少许纤维平铺于载玻片，加半滴火棉胶（或甘油），盖上盖玻片，置于显微镜载物台上，首先在低倍物镜下粗调，观察到初步形态后，在高倍物镜下微调，观察其形态结构，并画图记录。

② 横截面观察：取少许纤维夹持在切片器中，用切片器制作切片，将切好的纤维横截面切片置于载玻片上，加一滴火棉胶（或甘油），盖上盖玻片，置于显微镜载物台上，先粗调，后微调，观察其形态结构，并画图记录。

4. 注意事项

① 载玻片和盖玻片要擦干净，加火棉胶（或甘油）时要少量，若溢出可能会沾污物镜，影响观察效果。

② 盖玻片合上后，应注意尽量排除空气，不能有气泡，以免影响观察效果。

③ 对于形态特征明显的纤维（如天然纤维），显微镜法能确定其纤维类别；对于形态特征不明显的纤维（如合成纤维），需要借助于其他方法进行综合鉴定；对于异形截面形态的纤维鉴别有困难。

④ 显微镜观察法鉴定多种组分产品有优势。

（四）鉴别未知的纤维或制品

1. 任务

鉴别给定的各种未知纤维或制品。

2. 要求

① 每小组选择 1～2 个试样，综合运用感观法、燃烧法、化学溶解法、显微镜法、熔点法、红外光谱法等进行未知合成纤维的鉴别。

② 选择合适的鉴别路径，每种纤维或制品至少用两种以上的有效方法鉴别。

③ 交流分析结果，分享实验体会与经验。

3. 操作程序

（1）综合鉴别　依据各种纤维或制品的外观特征、形态结构特点、燃烧特性、化学溶解性等，综合运用感观法、燃烧法、显微镜法、化学溶解性能等进行鉴别。

（2）必要时用熔点法辅助鉴别　操作程序如下。

① 取少量纤维放在两片玻璃片之间，放在熔点显微镜的电热板上，调焦使纤维成像清晰。

② 控制升温速率为 3～4℃/min，观察纤维成像的变化，当玻璃片中大多数纤维熔化

时，记录此时的温度即为该纤维的熔点。

③ 与标准资料对比，记录下该合成纤维种类。

（3）必要时用红外光谱法辅助鉴别 操作程序如下。

① 取纤维试样 0.5～2mg，在玛瑙研钵中研细，再加入 100～200mg 干燥的溴化钾粉末，充分研磨混匀。

② 由于溴化钾极易吸收空气中的水分，将试样和溴化钾粉末在红外灯下充分干燥，然后放入专用模具中加压，制成透明的溴化钾压片。

③ 校准红外光谱仪，选择合适的测试参数。

④ 将制备好的溴化钾压片放入仪器的样品架上进行测试，记录 4000～400cm^{-1} 的红外光谱图，分析该纤维红外光谱图的特征吸收峰。

4. 注意事项

① 某些纤维的燃烧、溶解特征差异性不太，应综合运用各种方法才能有效鉴别。如天然纤维素纤维与再生纤维素纤维的溶解性能虽有差异，但若化学试剂浓度选择或配置不当，会影响结果的准确性，尤其要注意处理时间与加热温度等。

② 涤纶、锦纶和丙纶的形态结构、燃烧特性差异不大，无法通过显微镜法和燃烧法鉴别，有效的鉴别方法为化学溶解法、熔点法或红外光谱法。具体可以选择下列 a、b 或 a、c 不同组合的测试方法，或者采用方法 d。

a. 先用 70％硫酸或 15％盐酸进行三种纤维的溶解实验，溶解的为锦纶，其余两种为涤纶和丙纶。

b. 选用 98％的硫酸进行两种纤维的溶解实验，溶解的为涤纶，不溶的为丙纶。

c. 用熔点仪分别测定两种纤维的熔点，最早出现熔化特征，熔点 165～170℃的为丙纶；另一纤维则为涤纶。

d. 分别测定三种纤维的红外光谱，与标准图谱对照，可有效鉴别涤纶、锦纶和丙纶。

③ 涤纶和聚乳酸纤维的形态结构、燃烧特征无明显差异，无法通过显微镜法和燃烧法鉴别，有效鉴别方法为化学溶解法、熔点法。聚乳酸纤维在煮沸的 30％氢氧化钠溶剂或者二甲基甲酰胺溶剂中能快速溶解，涤纶不溶。涤纶和聚乳酸纤维的熔点差异也较大，可以采用熔点法进行进一步的验证。

④ 纤维鉴别时，机织物一定要区分经、纬向，分别拆取经纱或纬纱 5～6 根；显微镜法制样时纱线要逐一退捻，并成一束，试样要剪碎置于载玻片上，以保证制样的质量。

四、问题与思考

1. 纤维素纤维、蛋白质纤维的耐酸、耐碱性能如何？

2. 如何简单鉴别未知纤维：棉、麻、黏胶纤维、莱赛尔纤维。

3. 纤维素纤维、蛋白质纤维和合成纤维燃烧时的燃烧特征有何差别。

4. 判别羊毛和羊绒采用什么方法最有效。

5. 牛奶和大豆蛋白复合纤维可以采用何种方法鉴别。

6. 制定有效方案，鉴别涤纶、锦纶和丙纶。

项目五 分析混纺制品的纤维含量

一、任务书

单元任务	(1)分析涤/棉混纺织物的纤维含量 (2)分析毛/涤混纺织物的纤维含量 (3)分析客户来样(未知面料)的纤维成分	参考学时	4～8
能力目标	(1)能根据定量分析对象正确选择化学试剂,制定分析方案 (2)熟悉客户来样分析的基本方法、步骤和技巧,学会逻辑推理与判断 (3)能正确、准确配制定量分析常用的标准溶液 (4)能独立操作,有效控制分析条件,保证分析结果的正确性		
教学要求	(1)在规定时间内完成任务,定量分析误差不超过3% (2)安全使用各类化学药品,正确操作各类仪器 (3)节约原材料及药品,不乱倒实验废液 (4)规范书写分析报告		
方法工具	(1)化学器皿:烧杯、三角烧瓶、容量瓶等 (2)药品试剂:硫酸、次氯酸钠、冰醋酸、氨水(均为分析纯) (3)仪器:电子天平、恒温水浴、恒温烘箱等 (4)其他材料:涤/棉混纺织物、毛/涤混纺织物		
提交成果	测试报告		
主要考核点	(1)分析结果的准确性 (2)分析方法的合理性 (3)操作过程的规范性		
评价方法	过程评价＋结果评价		

二、知识要点

(一) 常见混纺织物的品种及风格特征

为了改善纺织品的服用性能,如舒适性、透气性、耐磨性、挺括性、抗静电性能等,常将两种或两种以上的纤维原料混纺或交织。作为纺织品设计和加工人员,了解纺织品的原料组分及含量,对合理制定工艺、保证产品质量有着重要的意义。

混纺织物产品命名时，一般将原料比例多的排在前面，少的排在后面；若比例相同时，则按天然纤维、再生纤维、合成纤维的顺序排列。常见的二组分混纺织物主要有涤/棉、涤/黏、棉/麻、毛/涤、毛/黏、毛/腈等，三组分混纺织物主要有毛/涤/锦、涤/黏/毛、丝/黏/涤、涤/麻/棉等。

1. 棉型织物

包括纯棉织物、棉混纺织物及棉型化纤织物。

（1）纯棉织物　光泽柔和，手感柔软，易皱折，且不易恢复。

（2）棉混纺织物　如涤/棉织物，表面细洁光滑，手感滑挺爽，抗皱折性优于纯棉布。

（3）棉型化纤织物　如黏纤织物，手感柔软，悬垂性好，有飘荡感，回弹性较差，面料浸入水中手感变厚发硬。

2. 毛型织物

包括全毛织物、毛混纺织物及化纤仿毛织物。又分为精纺毛织物和粗纺毛织物。

精纺毛织物常用的纤维原料有毛、麻、涤纶、锦纶等，粗纺毛织物常用的纤维原料有毛、黏纤、腈纶等。

（1）精纺毛织物　呢面光洁平整，纹路清晰，纱支较细。

全毛织物：身骨挺括，富有弹性，薄型织物手感滑糯，中厚型织物手感丰满。

毛混纺织物：多为毛/涤混纺，平挺光滑，身骨较板硬，随涤纶含量的增加而更突出。

仿毛织物：涤/黏中长仿毛手感挺括而富有弹性，但较生硬。涤纶仿毛缺乏膘光，

（2）粗纺毛织物　质地厚重，手感丰满，呢面和绒面类不露底纹，纱支较粗，多为单纱织制而成。

全毛织物：身骨挺实而富有弹性，手感丰糯。

毛混纺织物：毛/黏混纺手感生硬，弹性较差，有厚重感和凉涩感。毛/腈混纺手感蓬松，弹性较好，质地较轻。

腈纶仿毛织物：质地较轻，外观蓬松，弹性较好

3. 丝织物

包括桑蚕丝织物、柞蚕丝织物、再生丝织物及合纤丝织物。

（1）桑蚕丝织物　光泽明亮柔和，手感轻柔、平滑、细腻、富有弹性，有凉爽感，悬垂性好。

（2）柞蚕丝织物　光泽一般，色泽泛黄，手感较硬，易折皱。

（3）再生丝织物　包括黏纤、醋纤、铜纤氨等，一般具有光亮刺目（极光），悬垂下落感强，易折皱等特点。

（4）合纤丝织物　包括涤纶、锦纶、丙纶等，一般具有光泽明亮、耀眼，手感光滑、挺括生硬、弹性好等特点。

4. 麻织物

包括全麻织物、麻混纺织物及化纤仿麻织物。

（1）全麻织物 布面粗糙不平，易折皱，但光泽较纯棉织物好，手感硬挺，有凉爽感。

（2）麻混纺织物 麻/棉混纺织物柔软度和光洁度较纯麻织物好，抗皱性比纯麻织物稍好；麻/毛混纺织物弹性较好，风格粗犷，有扎手感；麻/涤混纺织物比纯麻织物表面光洁平整、抗皱。

（3）化纤仿麻织物 多为涤纶仿麻，较挺括，手感略生硬。

（二）混纺织物纤维含量分析基本原理与方法步骤

1. 定性分析

定性分析方法主要有感官法、燃烧法、显微镜法、化学溶解法、红外光谱法等，定性分析的基本原则是显微镜法、燃烧法初分各种天然纤维、部分再生纤维及化学纤维大类；溶解法结合熔点法及回潮率法确认各种天然纤维及化学纤维。

各种方法的特点及适用性如下。

（1）感官法 感官鉴别法是通过人的感觉器官，如眼、手、鼻、耳等对纺织品进行直观的判断，通过区分织物类别，如棉型织物、毛型织物、丝织物等，初步获取原料信息。它是最简便、最常用的鉴别方法，但对鉴别者的要求较高，除了需要具备相关的专业知识外，还应具备丰富的实践经验，熟练掌握各类纤维及其织物的感官特征，在运用中不断积累，提高判断准确率。

① 基本原理。感官鉴别的依据是各类纺织品的风格特征、纤维的感观特征（如外观形态、光泽、长短、粗细、曲直、软硬等）、纱线结构、织物组织、染整加工赋予织物的特殊性能等。

② 方法步骤。根据织物的风格与感官特征初步确定其类别→分别抽取经纱和纬纱→解捻并分解成纤维状→由织物中纤维的感官特征判断原料类别→进一步验证判断结果。

（2）燃烧法 燃烧鉴别法是用火点燃纺织品，通过一观二闻三碾的方法，区分织物中可能存在的纤维种类，如纤维素纤维、蛋白质纤维、合成纤维等，进一步获取原料信息。此法简单、直观、有效，常用于生产与生活中。但有一定的局限性，如对同一大类的纤维材料一般比较难区分；多组分混纺产品的燃烧现象有相互交叉影响；经过特殊整理的织物（如防火、抗菌、阻燃等织物）燃烧鉴别时对结果干扰较大。此法运用过程中，鉴别者需要具备相关的专业知识与丰富的实践经验。

① 基本原理。燃烧鉴别的依据是各类纺织纤维的燃烧特性，如易燃性、燃烧现象、气味、灰烬特征等。

② 方法步骤。分别抽取少许经纱和纬纱→靠近火焰（看是否收缩、熔融、易燃）→接触火焰（看燃烧速度、火焰颜色等）→离开火焰（看是否熄灭、续燃）→闻气味（是否有异味）→看灰烬（软、硬、松脆、能否压碎）→依据燃烧时的综合现象判断纤维类别→进一步验证判断结果。

若靠近火焰 {
熔缩→可能含涤纶、锦纶、丙纶、维纶、醋纤等
即燃→可能含棉、麻、黏纤等
卷缩后燃烧→可能含蚕丝、羊毛等
}

若离开火焰 {
续燃→可能含棉、麻、黏纤、醋纤、腈纶等
熄灭→可能是锦纶、氯纶等
续燃后自灭→可能是蚕丝、羊毛、涤纶、丙纶、氨纶、维纶等
}

若灰烬气味为 {
毛发臭味→可能含蚕丝、羊毛等
其他异味→可能含锦纶、腈纶、维纶、氨纶、氯纶、醋纤等
无明显气味→可能是棉、麻、黏纤等
}

若灰烬外观特征为 {
质软量少色较浅→可能是棉、麻、黏纤等
黑脆量多易捻碎→可能含蚕丝、羊毛、腈纶等
坚硬融球捻不碎→可能含涤纶、锦纶、丙纶、氯纶等
}

各类纤维的燃烧特点见项目四。

(3) 显微镜法　显微镜鉴别法是采用一定放大倍数的生物显微镜，观察纤维材料的纵向和截面形态。此法对形态结构特征明显的纤维判断准确率较高，如棉、麻、丝、毛等天然纤维，常作为定性分析的补充方法之一。但是对于合成纤维、再生纤维等化学纤维的适用性较差，操作要求高，尤其是横截面切片技术一般人员不易掌握，比较适用于专门的纤维检验机构、大中专院校及有条件的纺织印染企业与公司。

① 基本原理。显微镜鉴别是将织物中的纱线分别制成纤维的纵向和截面切片，依据纤维原料在显微镜下的形态结构特征，如横截面的形状、有无孔穴；纵截面的形状，是直柱状，还是带天然扭曲，表面有无沟槽等。

② 方法步骤。分别抽取少许经纱和纬纱→拆分梳理纤维→分别将制成的纤维纵向和截面切片→置于显微镜下观察→记录结果。

各类纤维的形态结构特征见项目四。

(4) 溶解法　溶解鉴别法是选用适当的化学试剂和条件，对纤维材料进行溶解试验，从而了解纺织品中存在的原料成分。此法简单、准确，常作为定性分析的验证方法之一，也是定量分析最常用的方法。但它也有一定的局限性，对于那些化学溶解性差异小的纤维原料，有时会误判，如麻、棉、黏纤等，还需要借助仪器分析法进一步确认。

① 基本原理。化学溶解鉴别的依据是纺织纤维对酸、碱、氧化剂、有机溶剂等的稳定性（即溶解特性）。

② 方法步骤。分别抽取少许经纱和纬纱放入试管中→加入少量规定浓度的化学试剂（根据需要是否加热）→振荡并放置片刻→观察纤维状态（溶、微溶、不溶）→根据纤维溶解性鉴别纤维种类。

若通过加热能溶于或部分溶于5%的烧碱中，说明该面料中含有羊毛、蚕丝等天然动物蛋白纤维；若加热状态下能溶于或部分溶于二甲基甲酰胺，说明该面料中含有腈纶；若在常温条件下能溶于或部分溶于20%的盐酸或80%的甲酸，说明该面料中含有锦纶、维纶；若常温条件下能溶于或部分溶于70%～75%的硫酸，说明该面料中含有棉、麻、黏纤、蚕丝、锦纶、维纶等。

各类纤维的溶解特点见项目四。

注意：

① 机织物的经向和纬向要分别进行燃烧法、显微镜法、溶解法等鉴别。

② 混纺织物和混纺纱线可根据"混合"的燃烧现象，初步推测其中的主要混纺原料，而后再与其他方法相结合做进一步的判断。

③ 印染成品在进行燃烧法、显微镜法、溶解法鉴别时，应注意染料助剂、整理效果等对鉴别结果的影响，如棉丝光后的形态结构发生了变化。染料及整理剂等对燃烧气味、灰烬色泽等有不同程度的影响。

2. 定量分析

定量分析方法主要有化学溶解法、纤维细度仪等。定量分析的基本原则如下。

① 首选手工分解法。

② 不宜超过"二次溶解"，尽量避免测试误差叠加。

③ 优先选择剩余纤维 d 值为 1.00 的溶解方法。

化学溶解法的基本原理、方法步骤、结果评价及计算如下。

（1）基本原理　混纺产品纤维含量的分析，是选择合适的化学试剂及溶解条件，把样品中某一个或几个组分的纤维溶解，将剩余纤维洗净后烘干并称重。

（2）方法步骤　样品预处理→干燥称重→选择适当的溶剂→规定条件下溶解→收集并清洗剩余纤维→干燥称重→结果计算（根据需要做修正）。

若为二组分以上的产品，继续下列步骤：剩余纤维干燥称重→选择适当的溶剂→规定条件下溶解→收集并清洗剩余纤维→干燥称重→结果计算（根据需要做修正）。

（3）结果评价及计算　定量分析结果有不同的评价方法，即净干重百分率，结合公定回潮率的含量百分率，包括公定回潮率和预处理中纤维损失和非纤维物质除去量的含量百分率。常用净干重百分率和结合公定回潮率的含量百分率，可根据需要选用。

净干重量百分率的计算方法：

$$p_1 = \frac{m_1 d}{m_0} \times 100$$

$$p_2 = 100 - p_1$$

$$d = \frac{m_3}{m_1}$$

式中　p_1——不溶解纤维的净干重量百分率，%；

p_2——溶解纤维净干重量百分率，%；

m_0——预处理后的试样干燥重量，g；

m_1——试剂处理后，剩余的不溶纤维的干燥重量，g；

m_3——已知不溶纤维的干燥重量，g；

d——不溶纤维在试剂处理时的重量修正系数。

为了保证定量分析结果的准确性，应根据客户具体情况及要求，参照相应的标准（见附录）进行试验分析。对于同一种类的混纺织物定量分析时各个国家采用的标准不同，各种标准的测试方法与条件见表 5-1 和表 5-2。

表 5-1 混纺产品化学定量分析方法与条件比较

混纺产品种类	标准类别	方法与条件				
		方法 (溶解试剂)	试样/g： 溶液/mL	温度/℃	时间 /min	剩余纤维 d 值
纤维素纤维与聚酯纤维混纺产品	GB 或 ISO	75%硫酸法	1:100	50±5 实际<50	60	聚酯 1.00
	AATCC	70%硫酸法	1:100	15~25	30	—
	JIS	70%硫酸法	1:100	23~25	10	羊毛 1.01 其余 1.00
棉、麻与再生纤维素纤维混纺产品	GB 或 ISO	甲酸/氯化锌法	1:100	40±2	150	棉(40℃)1.02 棉(70℃)1.03
			1:100	70±2	20	亚麻 1.07 苎麻 1.00
		锌酸钠法	1:150	常温	20	棉 1.02
	AATCC	59.5%硫酸法	1:100	15~25	30	原棉 1.062 棉 1.046
	JIS	60%硫酸法	1:100	23~25	20	未处理棉 1.03 处理棉 1.01 未精炼亚麻 1.20 精炼亚麻 1.14 精炼苎麻 1.06 漂白苎麻或其他 1.03
含蚕丝、羊毛或其他动物蛋白质纤维混纺产品	GB 或 ISO	75%硫酸法(溶丝)	1:100	室温	60	0.985
	AATCC	59.5%硫酸法	1:100	15~25	30	—
	JIS	35%盐酸法	1:50	室温	15	1.00
丝、毛等蛋白质纤维与其他纤维混纺产品	GB 或 ISO	1mol/L 次氯酸钠法	1:100	20±2	40	原棉 1.03 棉/黏纤/莫代尔 1.01 其余 1.00
	AATCC	1mol/L 次氯酸钠法	1:100	25	20	—
		59.5%硫酸法(溶丝)	1:100	15~25	30	—
	JIS	1mol/L 次氯酸钠法	1:100	25±2	30	棉 1.03 其余 1.00
		2.5%氢氧化钠法(溶毛)	1:50	沸	20	涤纶 1.01 腈纶 1.00
		5%氢氧化钠法(溶丝毛)	1:50	沸	15	原棉 1.03 处理棉 1.01 黏纤/铜纤 1.04 其余 1.00
含涤纶混纺产品(用于聚酯与部分难溶合纤混纺)	GB 或 ISO	苯酚/四氯乙烷法(溶聚酯)	1:100	40±5	10	丙纶 1.01 其余 1.00
	AATCC	100%丙酮法(溶醋酯及改性腈纶)	1:100	40~50	15/次 (多次)	—
	JIS	苯酚/四氯乙烷法(溶聚酯)	1:100	40~50	10	1.00
		浓硫酸法(密度1.84g/mL)(溶聚酯)	1:100	23~25	10	丙纶 1.00

续表

混纺产品种类	标准类别	方法与条件				
		方法 (溶解试剂)	试样/g： 溶液/mL	温度/℃	时间 /min	剩余纤维 d 值
含锦纶混纺产品	GB 或 ISO	80%甲酸法	1：100	室温	15	1.00
	AATCC	20%盐酸法	1：100	15~25	20	—
		90%甲酸法	1：100	室温	15×2次	—
	JIS	20%盐酸法	1：100	室温	15	未处理棉/已处理亚麻/黏纤/铜纤/苎麻（除精炼外）1.01 未精炼亚麻 1.03 精炼苎麻 1.02 其余 1.00
含腈纶或改性腈纶混纺产品	GB 或 ISO	二甲基甲酰胺法	1：150	90~95	60	棉/毛/黏纤/铜纤/莫代尔/涤纶/锦纶 1.01 其余 1.00
	AATCC	100%丙酮法	1：100	40~50	15/次 （多次）	—
	JIS	二甲基甲酰胺法	1：100	40~45	20	未精炼亚麻 1.02 精炼亚麻/精炼苎麻/未缩甲醛维纶 1.01 其余 1.00
含丙纶混纺产品	GB 或 ISO	二甲苯法（溶丙纶）	1：50×2	沸	3×2	1.00
	AATCC	100%丙酮法（溶醋酯及改性腈纶）	1：100	40~50	15/次 （多次）	—
	JIS	环己酮法（溶乙纶）	1：100	40~50	30	1.00
		浓硫酸法（密度1.84g/mL）（溶聚酯）	1：100	23~25	10	丙纶 1.00
含氨纶混纺产品（不适用与聚丙烯腈纤维同时存在的混纺产品）	GB 或 ISO	二甲基乙酰胺法（溶氨纶）	1：150	60	20	涤纶 1.01 其余 1.00
	AATCC	二甲基甲酰胺法（溶氨纶）	1：100	98±1	20	—
	JIS	热二甲基甲酰胺法（溶氨纶）	1：100	沸	20	羊毛/未精炼亚麻 1.02 精炼亚麻/精炼苎麻 1.01 其余 1.00
		80%硫酸法（与聚酯混纺）（溶氨纶）	1：100	23~25	10	涤纶 1.00
含醋酯纤维（三醋酯）混纺产品	GB/ISO	100%丙酮法（溶二醋酯）	1：100	室温	60	1.00
		70%丙酮法（二醋酯/三醋酯混纺）（溶醋酯）	1：80	室温	60	三醋酯 1.01
		苯甲醇法（二醋酯/三醋酯混纺）（溶醋酯）	1：100	52±2	20±1	三醋酯 1.00
		二氯甲烷法（溶三醋酯或聚乳酸）	1：100	室温	30	涤纶 1.01 其他 1.00
		环己酮法（溶二醋酯及三醋酯）	1：100	沸	60	蚕丝 1.01 腈纶 0.98 其余 1.00

混纺产品种类	标准类别	方法与条件				
		方法（溶解试剂）	试样/g：溶液/mL	温度/℃	时间/min	剩余纤维 d 值
含醋酯纤维（三醋酯）混纺产品	AATCC	100%丙酮法（溶二醋酯）	1:100	40~50	15/次（多次）	—
	JIS	100%丙酮法（溶二醋酯）	1:100	室温	30+15×2次	未精炼亚麻/聚丙烯 1.01 其他 1.00
		80%丙酮法（与改性腈纶混纺）（溶二醋酯）	1:100	23~25	30	改性腈纶 1.00
		70%丙酮（醋酯/三醋酯）（溶醋酯）	1:80	常温	60	1.01

表 5-2　部分混纺织品纤维含量分析方法与条件（FZ/T）

纤维混纺组分	试验方法与条件				剩余纤维 d 值
	溶解试剂	试样/g：溶液/mL	温度/℃	时间/min	
氨纶与锦纶、维纶	20%盐酸	1:100	室温	15	氨纶 1.00
	40%硫酸	1:100	室温	15	氨纶 1.00
氨纶与棉、麻、丝、毛、黏纤、铜氨纤维	99%二甲基甲酰胺	1:100	沸腾	20	棉/丝/黏纤 1.00 其他纤维 1.01
氨纶与涤纶、丙纶	80%硫酸	1:100	24±1	10	涤纶/丙纶 1.00
氨纶与腈纶	65%硫氰酸钠	1:100	72±3	10	氨纶 1.00
氨纶与醋纤	75%甲酸	1:100	常温	20	氨纶 1.01
氨纶与醋纤	丙酮	1:100	常温	30×3	氨纶 1.01
蚕丝与羊绒	75%硫酸	1:100	40~45	45	羊绒 1.05
桑蚕丝与柞蚕丝	无水碳酸钙：无水乙醇 含锦纶时用四水硝酸钙	1:100	80±2	30	柞蚕丝等其他纤维 1.00
牛奶蛋白纤维与锦纶、氨纶、棉、黏纤、莫代尔、莱赛尔、铜氨纤维、涤纶、聚乳酸纤维	碱性次氯酸钠 硫氰酸钠	1:100	20±2 70~75	40 30	锦纶/棉/铜氨纤维 1.01 氨纶/莫代尔/涤纶/聚乳酸纤维 1.00 黏纤 1.07 莱赛尔 1.02
牛奶蛋白纤维与锦纶	80%甲酸	1:100	常温	15 20	牛奶蛋白纤维 1.09
牛奶蛋白纤维与三醋纤	二氯甲烷	1:100	室温	30	牛奶蛋白纤维 1.00
牛奶蛋白纤维与动物纤维	碱性次氯酸钠	1:100	20±2	40	牛奶蛋白纤维 1.29
牛奶蛋白纤维和腈纶	二甲基甲酰胺	1:100	25±3	15	牛奶蛋白纤维染色 1.01 未染色 1.06
大豆蛋白纤维和棉、黏纤、莫代尔、腈纶、涤纶	碱性次氯酸钠 20%盐酸	1:100	20±2 25±2	40 30	棉 1.04 黏纤、莫代尔 1.01 腈纶、涤纶 1.00
大豆蛋白纤维和氨纶	二甲基甲酰胺	1:100	90~95	60	大豆蛋白纤维 1.01
大豆蛋白纤维和锦纶	冰乙酸	1:100	沸腾	20	大豆蛋白纤维 1.02

纤维混纺组分	试验方法与条件				剩余纤维 d 值
	溶解试剂	试样/g：溶液/mL	温度/℃	时间/min	
大豆蛋白纤维和醋纤	丙酮	1：100	室温	30×1 15×2	大豆蛋白纤维 1.00
大豆蛋白纤维和三醋纤	二氯甲烷	1：100	室温	30	大豆蛋白纤维 1.00
大豆蛋白纤维和动物纤维	碱性次氯酸钠	1：100	20 ± 2	40	大豆蛋白纤维未漂白 1.29 漂白 1.27

(三) 定量分析的预处理方法

预处理目的是去除样品中非纤维物质（不包括染料），减少非纤维物质对检验结果的影响。混纺产品上的非纤维物质，如油脂、蜡质、浆料、树脂或其他整理剂对于混纺产品纤维含量的定量分析有不同程度的干扰，分析前必须将它们去除。

1. 脂蜡去除方法

用四氯化碳浸渍 10min→取出挤干→另取新的四氯化碳再浸渍 10min→取出干燥→热水洗 5min→冷水洗→干燥。

或用三氯乙烷、乙醚或乙醇等有机溶剂。

2. 浆料去除方法

纤维素纤维制品的浆料去除方法：用稀碳酸钠溶液热洗；或在 2％～5％淀粉酶液中于 50～60℃浸渍 1h→水洗→干燥。

蛋白质纤维制品的浆料去除方法：在 0.25％盐酸溶液中沸煮 15min→热水洗→0.2％氨水洗→水洗→干燥。

3. 树脂整理剂去除方法

纤维上的树脂或其他整理剂一般对定性分析没有太大影响，但对纤维着色试验有干扰，故进行着色鉴别试验前必须先去除。

将试样放在 0.5％稀盐酸中沸煮 30min→水洗→在 1％碳酸钠溶液中沸煮 30min。

4. 染料脱色方法

纤维素纤维制品常用的脱色方法如下。

① 用氧化漂白剂（如次氯酸钠等）脱色。

② 用 5％亚硫酸氢钠溶液加几滴 1％氨水溶液沸煮，直至脱色为止。

③ 用 20g/L 亚硫酸氢钠、20g/L 氢氧化钠溶液于 50℃处理 30min。

蛋白质纤维制品常用的脱色方法是氨水溶液处理。

若以上方法均不行，则可用吡啶溶液处理。一般认为染色后固着于纤维内部的染料（除活性染料外）是纤维的一部分，所以不必去除。但是深色织物对纤维定性造成很大的影响，容易产生误判；活性染料会影响某些溶剂（如甲酸—氯化锌）对纤维的溶解，从而影响检测结果的准确性。

5. 特殊预处理方法

（1）深色织物的剥色方法　通常采用次氯酸钠法、保险粉（连二亚硫酸钠）法、有机溶剂以及一些专门的褪色试剂来对深色织物进行预处理。但各种方法都有一定的局限性，选择时应根据染色过程中使用的染料而决定。

① 次氯酸钠剥色法。次氯酸钠具有较强的氧化性，可使还原性的染料因氧化而褪色。如硫化染料、部分活性染料等，但此法不适用于含有蛋白质纤维的织物。

处理条件：试样　　　　　　　　　　1g

1mol/L 次氯酸钠溶液　　　　　　　100mL

温度　　　　　　　　　　　　　　常温

时间　　　　　　　　　　　20～30min 即可（至试样明显褪色为止）

② 保险粉剥色法。保险粉的学名为连二亚硫酸钠，易溶解，还原能力很强，对偶氮染料、蒽醌染料、还原染料、硫化染料均有较好的剥色效果。

处理条件：试样　　　　　　　　　　1g

柠檬酸盐缓冲液　　　　　　　　　50mL

保险粉　　　　　　　　　　　　　适量

温度　　　　　　　　　　70℃（恒温水浴）

时间　　　　　　　　60mim（至试样明显褪色为止）

样品约 1g→加入 50mL 柠檬酸盐缓冲液（预热到 70℃）→震荡使样品完全浸入溶液中→70℃保温 30min→加适量保险粉→70℃保温 30min（至试样明显褪色为止）。

柠檬酸盐缓冲液（0.06mol/L，pH＝6.0）：取 12.526g 柠檬酸和 6.320g 氢氧化钠，溶于水中，定容至 1000mL。

③ 有机溶剂剥色法。最常用的是二甲基甲酰胺（DMF）法，该法能去除纤维上的大部分染料。如直接染料、酸性染料、分散染料、还原染料、硫化染料等，脱色效果好，去除率高。但它不适用于活性染料和含腈纶、醋酯、氨纶的试样。

处理条件：试样　　　　　　　　　　1g

DMF　　　　　　　　　　　　　　100mL

温度　　　　　　　　　　90℃（恒温水浴）

时间　　　　　　　　60mim（至试样明显褪色为止）

（2）涂层织物的处理方法　涂层织物是由基布＋涂层整理剂组成的。涂层整理剂是一种成膜性的合成高聚物，一般由两种以上单体共聚而成。目前用作纺织品涂层整理剂的高分子材料以聚丙烯酸酯（Polyacrylate，PA）和聚氨酯（Polyurethane，PU）两大类为主。

PA 具有不泛黄、耐老化、透明、耐洗和黏着力强等优点，但耐水压低，且耐寒性差，手感发黏不爽，弹性差。成本较低，目前生产和销售的数量很大。PU 具有耐低温、高弹性、高模量等显著的优点，但成本较高，在涂层行业的应用正在逐步增加。PA 与 PU 的区别是，PA 的手感比较涩，PU 较滑爽；PU 的弹性比 PA 的好；PA 没有光泽，PU 光泽较亮。

涂层织物预处理通常用采用丙酮、二甲基甲酰胺、乙酸乙酯和四氢呋喃等溶剂。丙酮和二甲基甲酰胺对 PA、PU 两种涂层胶均具有较好的剥离效果，是首推的剥离溶剂。当遇到用丙酮难以去除的涂层时，在确定织物中没有氨纶和腈纶的情况下，也可采用二甲基甲酰胺（DMF）来处理（注意：不适用于基布在二甲基甲酰胺中溶解的涂层样品。）。

① 丙酮法。

处理条件：试样	1g
丙酮	100mL
温度	40℃（恒温水浴）
时间	60mim（至试样涂层明显脱落为止）

② 二甲基甲酰胺法。

处理条件：试样	1g
DMF	100mL
温度	50℃（恒温水浴）
时间	60mim（至试样涂层明显脱落为止）

（四）影响分析结果准确性的因素

在整个化学溶解过程中，除了试样上的非纤维物质会干扰分析结果外，还有许多因素会影响结果的准确性，如方法路径的选择、溶解条件的控制、称量的准确性、人员操作的规范性、烘干等。抓住关键控制点，是保证检测结果准确性的关键。

1.方法路径的选择

化学溶解法首先应该正确选取溶解方案，在选对溶剂的前提下采用合理的路径，尤其是多组分混纺织物定量分析时，往往可以采用多种方法路径，选择的基本原则是尽量采用"一次溶解"或不宜超过"二次溶解"，待测试样每经过一次化学溶解处理、样品转移、过滤、冲洗等过程，均会造成一定的损失，这样损失累计就会导致误差叠加，从而影响分析结果的精确度。如三组分混纺织物可选的方法路径有四种方案，各种方案的特点见表 5-3。

表 5-3 四种方案的精确度比较

步骤\方案	一	二	三	特 点
1	溶 a 组分→a 组分含量	溶 b 组分→b 组分含量	由 a、b→c 组分含量	2 个试样 1 次溶解
2	溶 a 组分→a 组分含量	溶 a+b 组分→c 组分含量	由 a、c→b 组分含量	2 个试样 1 次溶解
3	溶 a+b 组分→c 组分含量	溶 b+c 组分→a 组分含量	由 a、c→b 组分含量	2 个试样 1 次溶解
4	溶 a 组分→a 组分含量	续溶 b 组分→c 组分含量	由 a、c→b 组分含量	1 个试样 2 次溶解

可见，方案 4 由于采用 1 个试样连续溶解 2 次，所以分析结果的精确度明显要低于方案

1、2、3。

2. 取样方法

定量分析时试样的选取必须具有代表性和完整性，同时还有量的基本要求。如果取样时未包括所有种类的纤维，结果中会缺少纤维的种类；取样不均匀也会造成数据的差异；取样数量越少，分析结果误差越大。所以对于不同类别的产品应注意采用不同的取样方式。

（1）散纤维　散纤维状态的样品由于整体的不均匀性易增加纤维定性和含量的不确定性。如被、枕垫类、絮棉等纤维类样品，应关注产品中"夹心式"的填充物；蚕丝被常遇见贴近面料部分用蚕丝中间夹层用黏纤的现象，所以一定要保证所取试样的代表性和均匀性。

（2）纱线　纱线包括绞纱、筒纱、绒线等。纱线类样品一般均匀性比较好，取样相对比较简单，直接取样分析即可。若遇包芯纱、不同原料的合股纱等，通常拆分后用物理法测定其纤维含量。

（3）织物　织物类样品包括色织物或提花织物、交织物、混纺织物等，它们的取样要求不完全相同。如色织物是由几种颜色的纱线织成的，每一种纱线的纤维组成不尽相同，取样时应至少为一个完整的循环组织或图案。交织物包括机织物和针织物两种，交织机织物由于经纬纱纤维成分不同，经纬纱定性分析时，最好分别取样；交织针织物每根纱线是不同的单一纤维，或一根纱线由2股纱或2股以上纱加捻而成，在不破坏原结构的前提下，可以先分离出纱，然后分别定性分析，以提高其准确性。如果每一种纱（包括经纬纱、针织物的用纱）都是由一种纤维组成，在定量时可以用物理法测定纺织品纤维含量，以减少化验环节，缩短检验周期。

混纺织物取样时，必须注意织物的基本组织、纤维的组织分布、提花或烂花及印花循环组织等。较大循环的组织，在裁取试样时需以完整的循环组织为单位来取样，以一个循环组织为取样单位，这样可以会大大超过标准中所要求的1g左右的重量。

3. 试剂配制

一种纤维能否被有效溶净，很大程度上取决于溶剂的浓度和量。因此，在配制溶剂时，必须严格按标准等级要求准备药品，按配方条件精确配制和标定。如市售碱性次氯酸钠浓度很不稳定，在配制碱性次氯酸钠溶液时，必须标定。又如对于那些浓度配制要求较高的甲酸氯化锌等溶液，浓度偏差会直接影响溶解结果。还有如盐酸等具有较强挥发性的试剂，配制温度、时间等均应注意控制。

4. 温度控制

定量分析时应严格控制溶解温度，若温度过高或过低，都会使纤维的溶解过程受到一定程度的影响，或是不能足够溶净被溶纤维，或是损伤另一种残留纤维，因此而直接影响测试结果的准确性。例甲酸氯化锌法、59.5％硫酸法等。

5. 时间控制

定量分析时还应严格控制溶解时间，一种纤维能否被有效溶净，除了取决于试剂、温度等外，还取决于溶解时间的长短。时间太短，被溶纤维可能还未完全溶净，反之，可能使剩余纤维部分溶解或降解，从而影响结果的准确性。所以操作过程中，要注意观察不溶纤维的状态，合理时间的上下偏差，以防过度溶解或溶解不完全。

（五）案例分析

1. 案例1：30％锦/30％棉/20％毛/20％真丝四组分混纺织品

（1）方法1
第一步：用80％甲酸法溶解锦纶，得出锦纶含量（1次溶解）；
第二步：用次氯酸钠法溶解毛、真丝，得出棉、锦纶含量（1次溶解）；
第三步：用75％硫酸法溶解真丝、棉、锦纶，得出毛含量（1次溶解）。

（2）方法2
第一步：用次氯酸钠法溶解毛、真丝，得出棉、锦纶含量（1次溶解）；
第二步：剩余纤维棉锦用80％甲酸法溶解锦纶，得出锦纶含量（2次溶解）；
第三步：用75％硫酸法溶解真丝、棉、锦纶，得出毛含量（1次溶解）。

（3）方法3
第一步：用80％甲酸法溶解锦纶，得出锦纶含量（1次溶解）；
第二步：剩余纤维棉、毛、真丝用次氯酸钠法，溶解毛、真丝，得出棉含量（2次溶解）；
第三步：用75％硫酸法溶解真丝、棉、锦纶，得出毛含量（1次溶解）。

分析评价：方法1样品转移、过滤、冲洗造成的损失比较小，累计误差小。

2. 案例2：羊毛/氨纶混纺织品

该类产品现行标准规定有两种检测方法，即手拆法和二甲基甲酰胺（DMF）溶解法。前者费时，检测效率低，但清洁环保，数据正确性高；后者溶剂有毒，且需高温，对环境与身体有害，且氨纶含量往往偏高。

建议：实际情况下用次氯酸钠法，25℃下处理30min，氨纶和羊毛含量与实际投料一致性高，剩余物氨纶的修正系数 $d=1.00$。

3. 案例3：棉/羊毛针织保暖样品

此类样品羊毛含量一般小于8％，多数小于5％。用次氯酸钠溶解羊毛，剩余棉，$d=1.03$。结果往往是羊毛含量的测试值与实际值差异较大。

建议：再用比较法进行测试，即75％硫酸溶解棉，常温（30℃）条件下处理45min，剩余羊毛，然后比较两者的数据，得出正确的羊毛、棉的含量。

4. 案例4：棉/氨纶（或腈纶）样品

因为二甲基甲酰胺对聚酰胺纤维有部分溶解作用，导致 d 值无法确定。

建议：含有锦纶的样品应采用 GB/T 2910.7—2009《聚酰胺纤维与某些其他纤维的混

合物（甲酸法）》。

三、技能训练任务

（一）分析涤/棉混纺制品的纤维含量

1. 任务

通过化学分析法确定预先给定的涤/棉混纺织物或纱线的纤维含量。

2. 要求

① 2 人一组合作完成规定任务，定量分析误差不超过±2%。

② 分析报告书写格式规范。

③ 参照 GB/T 2910.11—2009《纺织品　定量化学分析》的第 11 部分：纤维素纤维与聚酯纤维的混合物（硫酸法）。

3. 操作程序

① 溶液配制：75%硫酸溶液，详见"纤维鉴别与面料分析岗位认知"。

② 试样准备：如试样为纱线则剪成 1cm 长；如试样为织物，应将其剪成碎块或拆成纱线（注意每个试样应包含组成织物的各种纤维组成），并根据织物具体情况，采用合适的方法去除试样上的油脂、浆料等杂质。每种试样取两份，每份 1g 左右。

③ 试样烘干：将预先准备好的试样置于称量瓶内，放入烘箱中，同时将瓶盖放在旁边，在 105℃±3℃温度下烘至恒重（指连续两次称得试样重量的差异不超过 0.1%）。

④ 冷却：将烘干后的试样迅速移入干燥器中冷却，冷却时间以试样冷至室温为限（一般不能少于 30min）。

⑤ 称重：试样冷却后，从干燥器中取出称量瓶，在电子天平上迅速（在 2min 内称完）并准确称取试样干重 W（精确到 0.0001g）。

⑥ 溶解：将试样放入三角烧瓶中，每克试样加 100mL75%硫酸，盖紧瓶塞，摇动烧瓶使试样浸湿。将烧瓶保持 50℃±5℃、60min，并每隔 10min 用力摇动 1 次。

⑦ 过滤清洗：用已知干重的玻璃砂芯坩埚过滤，将不溶纤维移入玻璃砂芯坩埚，用少量 75%硫酸溶液洗涤烧瓶。真空抽吸排液，再用 75%硫酸溶液倒满玻璃砂芯坩埚，靠重力排液；或放置 1min 后用真空抽吸排液，再用冷水连续洗数次，用稀氨水洗 2 次，然后用冷水充分洗涤。每次洗液先靠重力排液，再真空抽吸排液。

⑧ 最后把玻璃砂芯坩埚及不溶纤维按烘燥试样同样要求烘干、冷却，并准确称取残留纤维的重量 W_A。

⑨ 计算涤纶和棉纤维的净干含量百分率。

$$涤纶含量百分率(\%) = \frac{W_A}{W} \times 100$$

$$棉纤维含量百分率(\%) = 100 - 涤纶含量百分率$$

式中 W_A——残留纤维的干重，g；

$\quad\quad W$——预处理后试样的干重，g。

4. 注意事项

① 在干燥、冷却、称重操作中，不能用手直接接触玻璃砂芯坩埚、试样、称量瓶等，以免造成试验误差。

② 称量时动作要快，以防止纤维吸潮后影响试验结果。

③ 被溶解纤维必须溶解完全，所以处理过程中应经常用力振动。

④ 滤渣必须充分洗涤，并用指示剂检验是否呈中性，否则残留物在烘干时，溶剂浓缩，影响分析结果。

(二) 分析毛/涤混纺制品的纤维含量

1. 任务

通过化学分析法确定预先给定的毛/涤混纺织物或纱线的纤维含量。

2. 要求

分析误差不超过±2%；分析报告书写格式规范。

3. 操作程序

① 溶液配制：1mol/L 碱性次氯酸钠溶液。

② 试样准备、烘干、冷却、称重等与本项目技能训练任务（一）要求一致。

③ 溶解：将试样放入三角烧瓶中，每克试样加 100mL 碱性次氯酸钠溶液，盖紧瓶塞，在不断搅拌下，于 25℃左右处理 30min。

④ 过滤清洗：待羊毛充分溶解后，用已知干重的玻璃砂芯坩埚过滤。然后用少量次氯酸钠溶液洗 3 次，蒸馏水洗 3 次，再用 0.5%醋酸溶液洗 2 次，用蒸馏水洗至中性。

⑤ 烘干称重：将玻璃砂芯坩埚及不溶纤维于 105℃±3℃烘至恒重，移入干燥器冷却、称重，可得不溶纤维重量 W_A。

⑥ 计算毛纤维和涤纶的净干重量百分率。

$$涤纶含量百分率（\%）=\frac{W_A}{W}\times100$$

$$毛纤维含量百分率（\%）=100-涤纶含量百分率$$

式中 W_A——剩余的不溶纤维干重，g；

$\quad\quad W$——预处理后试样干重，g。

4. 注意事项

① 与技能训练项目（一）要求一致。

② 次氯酸钠不稳定，很容易分解，所以原试剂应妥善保管。且配制的碱性次氯酸钠溶液应做标定，以免浓度不准确而影响分析结果的准确性。

（三）分析客户来样（未知面料）的纤维成分

1. 任务

综合运用感观法、燃烧法、化学溶解法、显微镜法等分析未知面料的纤维组分及含量。

2. 要求

定性分析正确，定量分析误差不超过±3％，分析报告书写格式规范。

3. 操作程序

① 用感观法确定面料所属类别，初步推测可能含有的纤维组分。
② 拆分经纬纱线，分别进行燃烧试验，进一步推测可能含有的纤维组分。
③ 拆分经纬纱线，分别进行溶解试验，用排除法判断可能存在的纤维。
④ 必要时可采用显微镜法辅助判断，确定所含有的纤维组分。
⑤ 选择合适的化学溶解试验方法，按规定条件与要求进行定量分析。
⑥ 称量，计算混纺比例。
⑦ 编写分析测试报告。

四、问题与思考

1. 比较棉、苎麻、黏纤、莫代尔、莱赛尔的性能，分析用哪种方法鉴别天然纤维与再生纤维混纺织物最有效。
2. 棉/黏混纺产品的定量分析方法有哪几种？请比较它们的优缺点。
3. 毛/涤混纺产品可采用哪些方法进行定量分析？请比较各自的优缺点。
4. 燃烧法与显微镜法在纤维定性分析中各自有什么优缺点？

项目六 分析交织物与包芯纱产品的纤维含量

一、任务书

单元任务	(1)定量分析棉/锦交织物的纤维含量 (2)定量分析麻/棉混纺交织物的纤维含量	参考学时	4～6
能力目标	(1)会用手工分离法(拆纱称重法)分析棉/锦交织物的纤维含量 (2)会用显微投影法分析麻/棉混纺交织物的纤维含量 (3)能结合手工分离法(拆纱称重法),用一种方法或多种方法组合分析氨纶包芯纱产品、复合纱线织物的纤维含量		
教学要求	(1)在规定时间内完成任务,定量分析误差不超过3% (2)选择合适的分析方法,正确操作各类仪器 (3)规范书写分析报告		
方法工具	(1)仪器:电子天平、电热鼓风干燥箱、CU纤维细度仪、哈氏切片器 (2)工具材料:镊子、刀片、载玻片、盖玻片、甘油或石蜡油、不同品种机织物等		
提交成果	分析报告		
主要考核点	(1)分析结果的准确性 (2)分析方法的合理性 (3)操作过程的规范性		
评价方法	过程评价+结果评价		

二、知识要点

(一) 常见交织物品种及风格特征

交织物是指不同纤维组分的经纱和纬纱交织成的织物。交织物的基本性能由不同种类的纱线决定,一般具有经纬向各异的特点。其品种包括经纬纱中一组为长丝纱,一组为短纤维纱交织而成的织物;或者经纱和纬纱原料不同交织成的织物。

交织物的品种很多,其主要目的是充分发挥经纬纱线不同组分的性能特点,常见品种如下。

1. 棉/锦交织物

棉/锦交织物中一般经纱为棉,纬纱为锦纶长丝。由于锦纶具有较好的强力、耐磨性和吸湿性,以及密度轻等特点,特别是其吸湿率可达4%～4.2%,棉/锦交织物兼有棉纤维的柔软舒适和锦纶的高强耐磨、吸湿透气、质地轻盈等。该类产品手感较为柔软、布面光泽柔和，有很好的市场需求。

棉/锦弹力产品应用也十分广泛，经纱采用棉纱，纬纱采用锦纶长丝和氨纶长丝复合纱线，纬向有很好的弹性。

2. 丝/棉交织物

丝/棉交织物是一种新型纺织面料，具有真丝的光泽、棉的柔软手感、优良的透气吸湿性、良好的弹性及悬垂性，特别是成衣后穿着具有独特的吸汗而不贴身性，性能超越了纯真丝织物。

3. 棉/毛交织物

纯棉纺织品穿着舒适，透气吸汗，但褶皱多，外观不够豪华、漂亮。纯毛内衣虽然漂亮，悬垂性好，但直接接触皮肤有扎的感觉，不柔软舒适。结合两种纤维的优势，同时弥补它们的不足，一般用棉作经、毛作纬，开发了棉/毛交织物。如双面的棉/毛交物，一面为纯棉，另一面为纯毛，不仅外观高档，而且穿着舒适。粗纱特的面料适合做牛仔布，贴身一面为纯棉，外面为纯毛，细纱特的面料适合做衬衣、套装、休闲裤等，此面料比纯毛产品成本低，舒适性好，市场潜力大。棉/毛交织产品的开发打破了棉、毛行业的界限，充分发挥了棉纺和毛纺的优势，实现了资源共享，工艺互补，该产品有潜在的生命力。

4. 棉/麻交织物

多为棉作经、麻作纬的交织物，质地坚牢爽滑，手感软于纯麻布，吸湿性好，产品既具有粗犷挺括的风格，又具有独特的立体效果，是夏令休闲衬衫、裙料的首选面料。

5. 黏纤/亚麻交织物

黏胶纤维具有较好的吸湿性、透气性和染色性，服用舒适性强，是制作贴身衣物的优质面料，但是，黏胶纤维织物存在湿强低、易变形起皱、缩水率大等不足。亚麻织物具有挺括、凉爽、透气性好、吸湿散热快、穿着舒适等特点；但是存在手感粗糙、易皱、弹性差、尺寸稳定性差等不足，严重影响其服用性能。开发黏纤/亚麻交织物，使其兼具两种纤维的优良特性，提高了产品的服用性能，是制作男女衬衣的高档面料。

6. 弹力交织物

弹力机织物分为两类，一种是经纬向都有弹力的双弹面料，另一种是仅纬向有弹力的纬弹面料，其中以纬弹面料居多。纬弹的交织物中，纬纱可为氨纶长丝与其他长丝并合形成复合纱线，也可采用氨纶长丝为纱芯、外包短纤维所形成的氨纶包芯纱。当然，不用氨纶也同样可使面料具有一定的弹性，如可用新型高性能 PTT 代替氨纶弹性纤维。

7. 功能性交织面料

如抗紫外线、抗电磁屏蔽、抗静电等功能性纤维。可以将功能纤维加工成包芯纱或复合纱线，再根据产品开发的要求加工成交织面料，一方面可提高功能纤维的可织性能，另一方面也能控制其用量，确保产品的经济性和功能性。

8. 其他

交织物可根据市场和产品的性能特点进行设计与开发，品种很多。如涤/锦交织物、毛/涤交织物、天丝/棉交织物、涤纶/大豆纤维交织面料、锦/黏交织面料等产品应用也很广泛，在此不一一详述。

（二）常见包芯纱产品及风格特征

1. 弹力牛仔面料

传统牛仔面料是指用纯棉靛蓝染色纱作经纱，本色纱作纬纱，采用 $\frac{3}{1}$ 右斜纹织成的斜纹织物。目前，各种纤维材料在牛仔产品中均有应用，组织结构也更为多样。牛仔面料具有朴实、自然、舒适等性能特征，纬向采用氨纶包芯纱的弹力牛仔面料，常见的有涤纶长丝包氨纶、棉纤维包氨纶，该产品有很好的延伸性能，适宜制作裤子、运动服、衬衫等。

2. 弹力府绸

府绸是采用平纹组织，经密高于纬密的织物，它具有结构紧密、质地轻薄、颗粒清晰、布面光洁滑爽的特点。弹力府绸一般纬向采用氨纶包芯纱进行织造，纬向有较好的弹性，服用性能更佳。多用于制作男女衬衫和儿童服装。

3. 棉/锦弹力面料

棉/锦弹力面料一般经纱以棉为主，纬纱以锦氨纶包覆纱为主的产品；有些棉/锦弹力面料以锦纶为经纱，纬纱采用棉氨包芯纱为原料加工。

4. 弹力真丝织物

蚕丝被称为纤维皇后，具有优良的服用性能。真丝织物具有轻柔、滑爽、光泽柔和、吸湿透气性好等特点，但是也存在弹性低、难护理等缺点。弹力真丝织物一般以普通桑蚕丝为经纱，真丝氨纶包芯纱为纬纱加工而成，该产品不仅具有真丝产品的所有优点，还改善了真丝织物的使用性能，弹性和韧性好，易护理。

（三）交织物与包芯纱产品的纤维成分分析方法

交织物与包芯纱产品在进行纤维成分分析时，可以通过手工分解的方法将各个组分分开，因此可以用手工分离法来进行该类产品的定量分析，这种定量分析方法也称为拆纱称重法。

1. 方法原理

交织物中的经纬纱线如果是单组分的不同纤维原料，可将经纬纱线手工分解，然后通过烘干、称重，得到不同纤维的百分含量；如果经纬纱线是多组分的不同纤维原料，可通过手工分解法初步获得经纬纱的不同比例，再按照拆分出来的纤维组分选择合适的定量分析方法（如化学溶解法、显微投影法等），测定出各组分纤维的百分含量。

包芯纱产品可以通过手工分解的方法将包芯纱的纱芯和外包纤维组分分开，然后通过烘干、称重，得到纱芯和外包纤维的百分含量，如果外包纤维是两种或两种以上纤维组分，则还需要进一步制定合适的定量分析方法来确定外包纤维各组分的百分含量，最终综合获得氨纶包芯纱各组分的百分含量。

利用手工分离法进行交织物或包芯纱产品定量分析时，理论上拆纱前和拆纱后纤维重量应该保持不变，但是在分拆过程中，由于氨纶丝较细及短纤维纱线的纤维容易脱落丢失，会造成减重。所以要控制拆损率，如果拆纱过程中纤维重量损失率大于 0.5％时，应重新制取试样，以确保测试结果相对准确。

另外，如果织物或纱线中的不同组分可以通过手工分解法拆分，如复合纱线结构产品，也可采用上述方法进行定量分析。

手工分离法参照标准如下。

FZ/T 01101—2008《纺织品　纤维含量的测定　物理法》。

SN/T 1056—2002《进出口二组分纤维交织物定量分析方法——拆纱称重法》。

2. 评价指标

定量分析的试验结果有三种不同的评价方法，即净干重百分率，结合公定回潮率的含量百分率，包括公定回潮率、预处理中纤维损失和非纤维物质除去量的含量百分率。可根据需要采用不同的评价指标。

净干重量百分率的计算：

$$P_1 = \frac{m_1}{m_1 + m_2} \times 100$$

$$P_2 = 100 - P_1$$

式中　P_1——经纱（或 A 组分）纤维的净干重含量百分率，％；

　　　P_2——纬纱（或 B 组分）纤维的净干重含量百分率，％；

　　　m_1——经纱（或 A 组分）纤维干重，g；

　　　m_2——纬纱（或 B 组分）纤维干重，g。

（四）麻/棉混纺产品与羊毛/羊绒混纺产品纤维成分分析方法

麻/棉混纺产品、羊毛/羊绒混纺产品、羊毛/兔毛混纺产品等多组分混纺产品（同时也是交织物），由于各组分纤维的化学组成相同，定量分析不宜采用化学溶解法来进行，此时可根据各组分纤维的形态结构的差异，采用显微投影法来进行该类产品的定量分析。

1. 方法原理

通过使用显微投影仪或纤维细度仪分辨和计数一定数量的纤维，并测量一定数量的纤维直径，结合密度、测得的各类纤维根数，计算出各种纤维的重量百分含量。

显微投影仪使用广泛，但需在暗室操作，用楔尺测量细度，劳动强度相对较大，速度慢，对深色织物需要经过剥色处理。

　　CU 纤维细度仪无须在暗室中操作，对深色织物可采用滤光片滤色，无需进行剥色处理，测量细度快捷，劳动强度相对较低。目前多采用 CU 纤维细度仪分析法。

　　主要参照标准如下。

FZ/T 01101—2008《纺织品　纤维含量的测定　物理法》；

FZ/T 30003—2009《麻/棉混纺产品定量分析方法显微投影法》；

SN/T 0756—1999《麻/棉混纺产品定量分析方法显微投影法》；

GB/T 16988—1997《特种动物纤维与绵羊毛混合物含量的测定》。

　　采用普通生物显微镜或显微投影仪鉴别时，可选择测量纤维的中部直径，也可选择测量纤维的横截面面积，前者更常用些。测量时的具体要求见表 6-1。

表 6-1　测量纤维的直径或横截面面积的要求

方法	观察截面	识别纤维根数	计算纤维根数
测直径	纵	＞1000	＞200
测面积	横	＞100	＞100

2. 评价指标

（1）织物中经、纬纱纤维含量相同时　纤维重量百分含量的计算方法如下。

① 对于麻/棉混纺产品，可按以下公式计算纤维的重量百分含量。

$$X_1 = \frac{n_1 d_1^2 r_1}{n_1 d_1^2 r_1 + n_2 d_2^2 r_2} \times 100$$

$$R = X_1$$

$$H = 9.662 + 1.018 X_1$$

$$F = 9.564 + 1.038 X_1$$

$$X_2 = 100 - A$$

式中　X_1——麻纤维的计算重量百分含量，%；

　　　n_1——麻纤维的折算根数，根；

　　　n_2——棉纤维的折算根数，根；

　　　d_1——麻纤维的平均直径，μm；

　　　d_2——棉纤维的平均直径，μm；

　　　r_1——麻纤维的密度，g/cm³；

　　　r_2——棉纤维的密度，g/cm³；

　　　R——苎麻纤维的重量百分含量，%；

　　　H——大麻纤维的重量百分含量，%；

　　　F——亚麻纤维的重量百分含量，%；

　　　X_2——棉纤维的重量百分含量，%。

常见纤维的密度见表 6-2。

表 6-2　常见纤维的密度　　　　　　　　　　　　　单位：g/cm³

棉	亚麻	苎麻	大麻
1.54	1.5	1.51	1.48

② 对于横截面为圆形的纤维，可按以下公式计算纤维的重量百分含量。

$$X_i = \frac{n_i d_i^2 r_i}{\sum (n_i d_i^2 r_i)} \times 100$$

式中　X_i——第 i 组分纤维的计算重量百分含量，%；

　　　n_i——第 i 组分纤维的计数纤维根数，根；

　　　d_i——第 i 组分纤维的平均直径，μm；

　　　r_i——第 i 组分纤维的密度，g/cm³。

③ 对于横截面为非圆形的纤维，按以下公式计算纤维的重量百分含量。

$$X_i = \frac{n_i s_i r_i}{\sum (n_i s_i r_i)} \times 100$$

式中　X_i——第 i 组分纤维的计算重量百分含量，%；

　　　n_i——第 i 组分纤维的计数纤维根数，根；

　　　s_i——第 i 组分纤维的平均横截面面积，μm²；

　　　r_i——第 i 组分纤维的密度，g/cm³。

（2）机织物中经、纬纱纤维含量不同时　纤维重量百分含量的计算方法如下。

$$P_i = \frac{P_{iT} W_T + P_{iw} W_w}{W_T + W_w} \times 100$$

式中　P_i——机织物中某组分纤维重量百分比，%；

　　　P_{iT}——某组分纤维在机织物经纱中的重量百分含量，%；

　　　P_{iw}——某组分纤维在机织物纬纱中的重量百分含量，%；

　　　W_T——机织物试样中经纱的干重量，g；

　　　W_w——机织物试样中纬纱的干重量，g。

（五）案例分析

1. 案例 1：棉（或再生纤维素纤维）与氨纶交织产品

这类产品一般有两种结构，一种是纱线和氨纶丝一起喂入形成的平纹结构，此类样品比较容易拆分，将纤维素纤维和氨纶丝分离后称重，两个平衡实验数据小于 1% 即可。另一种是纱线和氨纶丝不是同时喂入的，氨纶丝网状结构，纱线是平纹结构，由于再生纤维素纤维的缩率较大，线圈比较紧密，用拆分法分离两者十分费时，且纤维素纤维容易黏附在氨纶上，影响数据的正确性。若采用二甲基甲酰胺法，对面料中的染料、助剂都有溶解作用，采用常规的时间溶解氨纶得到的含量往往偏高，有的高出 2～3 倍。

建议：采用二甲基甲酰胺法，沸腾条件下处理 2～3min 即可，溶解氨纶，剩余棉或再生纤维素纤维，$d=1.01$。

2. 案例 2：桑蚕丝/黏纤大花卉烂花绒织物

这类产品是由桑蚕丝作底、黏纤为绒组合织制而成的，其中黏胶纤维在烂花印花中已被硫酸水解破坏，而底布桑蚕丝纤维则不受影响，从而形成具有独特风格的烂花织物。烂花织物一般循环单元较大，如用化学溶解法，则需先裁取循环单元。由于循环单位面积大而重，样品远远超过标准规定的 1g，无法用常规的仪器设备操作，在样品的预处理和溶解过程中需消耗大量的化学试剂，同时测试精密度也下降。

建议：取底布小样（仅含真丝）一块，记录尺寸及重量。再取大样一块（含完整的花卉），记录尺寸及重量。根据底布小样的尺寸及重量，可计算得出完整花卉样品中真丝的含量，然后进一步通过计算得出绒毛黏纤的含量。

3. 案例 3：含金属纤维样品（防辐射纺织品）

金属纤维的主要特点是，点火燃烧不被烧，性质相对稳定，对酸碱及有机溶剂比较稳定，在实验一般溶解条件下浓硫酸中不溶解。

该类产品进行纤维含量分析时，一般先通过燃烧法及化学溶解法定性鉴别纤维组分，再结合手工分解法、浓硫酸法来定量分析。

4. 案例 4：金属镀膜纤维样品（俗称金银丝）

金银线主要以涤纶薄膜为基体，经镀铝，再喷涂白色或各色透明涂料，切成细条。除金、银色外，尚有五彩金银线、彩虹线、荧光线等。一般用于嵌织，主要特点是化学性能不稳定，不能像普通纺织纤维那样使用。金银线中的铝膜不耐碱，拉伸或重摩擦将导致金属镀层剥落。

定性鉴别采用感官法，定量分析采用手工分解法、化学溶解法（参照涤纶）。

三、技能训练任务

（一）定量分析棉/锦交织物的纤维含量

1. 任务

用手工分离法分析棉/锦交织物的纤维含量。

2. 要求

分析误差不超过 ±3%；分析报告书写格式规范。

3. 操作程序

① 抽样：距布边 15cm 以上，选取 20cm×20cm 代表性试样。应包含组成织物的各种纱线和纤维成分，数量足够，样品上不得存在影响试验结果的任何疵点。

② 预处理：按化学溶解法定量分析中的预处理方法进行。

③ 试样制备：从预处理试样中剪取 10cm×10cm 织物两份，要求平行地沿经纱或纬纱裁剪，或沿针织物的纵列和横列裁剪，若为机织物，应仔细修整试样边缘，防止散开。并保证两份试样不含有同一根经纱和纬纱。

④ 手工分解：用分析针将试样按经纱、纬纱分别拆分，如需要可剪成 1~1.5cm 长度。当分别称重的经纱、纬纱重量之和与总试样重量之间的差值大于 0.5% 时，重新按上述方法制取试样。

⑤ 烘干称重：将制备好的试样分别放入已烘干至恒重的称量瓶内，在（105±3）℃电热鼓风干燥箱内烘干后，移入干燥器中冷却、称重，直至恒重。

⑥ 计算：根据需要采用不同的评价指标，计算棉、锦纤维的含量百分率。

4. 注意事项

① 试样结果以两次平行试验的平均值表示，若两次试验结果的绝对值差异大于 1%，应进行第 3 份试样试验，试样结果以三次试验平均值表示。

② 结果计算至小数点后两位，修约至小数点后一位，数值修约按 GB/T 8170—2008 规定进行。

③ 若为包芯纱或复合纱线，取经预处理的试样不少于 1g，对于比较细的纱线，取最小长度为 30m。用挑针将不同种类的纤维分解（必要时，将纱线剪成合适的长度，可使用捻度仪），将分解后的纤维放入已知质量的称量瓶内，在（105±3）℃电热鼓风干燥箱内干燥直至恒重，冷却，称量，计算不同组分纤维的百分含量。

（二）定量分析麻/棉混纺交织物的纤维含量

1. 溶液配制

用显微投影法测定麻/棉混纺交织物的纤维组分。

2. 要求

分析误差不超过±3%；分析报告书写格式规范。

3. 操作程序

① 取样：取 1 块 10cm×10cm 样品拆分纱线，随机抽出 10cm 长 30 段合并为一束。

② 制备切片：用纤维切片器均匀切取试样，试样长度控制在 0.2~0.4mm。将切取试样移至表面皿中，加入一定的无水甘油，充分混合成稠密的悬浮液。用吸管吸取少量的悬浮液放入载玻片上，使其均匀分布，并盖上盖玻片固定样品。

③ 仪器调试：将准备好的载玻片放在载物台上，在桌面上双击纤维细度仪，点击采集图像，按"确定"按钮。调节显微镜焦距，使观察到的图像清晰，根据纤维的形态结构特征鉴别其类型。

④ 测定：点击纤维细度测量，选用"纤维含量"，按"启用宏"，屏幕上出现空白的专用"纤维含量实验"数据表窗口。具体操作参见细度仪纤维含量操作规程。

4. 注意事项

① 此方法亦可用于其他动物毛纤维混纺织品纤维含量的分析，如山羊绒/羊毛混纺织品等。

② 试样若为纱线，则应在不同的筒子纱或绞纱中各截取 15cm 长的纱段合并为一束。

③ 载玻片与盖玻片要洁净，尽量不要有与纤维片段近似尺寸的灰尘杂质。

④ 试样中经纬纱组分一致，或试样为纱线，在操作步骤中，不需输入试样的重量。

⑤ 试样结果以两次平行试验的平均值表示，若两次试验结果的绝对值差异大于 3%，应进行第 3 份试样试验，试样结果以三次试验平均值表示。

⑥ 结果计算至小数点后三位，修约至小数点后两位，数值修约按 GB/T 8170—2008 规定进行。

四、问题与思考

1. 棉/锦交织物可以采用哪些方法进行定量分析，不同定量分析方法的优缺点？

2. 棉/麻交织物和棉/麻混纺织物分别可以采用哪种方法进行定量分析？棉/麻混纺交织面料呢？

3. 显微投影法适用于哪些混纺产品的含量分析？

4. 为什么交织物或包芯纱产品用物理法鉴别比化学溶解法合理？

项目七 分析面料的外观安全性

一、任务书

单元任务	(1)测试机织物的拉伸强力和断裂延伸度 (2)测试机织物的撕破强力 (3)测试针织物的顶破强力 (4)测试针织物的胀破强力 (5)测试织物的耐磨性 (6)测试织物的起毛起球性 (7)测试织物的折皱回复性 (8)测试机织物的接缝滑移和接缝强力 (9)测试织物的水洗尺寸变化率	参考学时	6～8
能力目标	(1)熟悉仪器的操作规程,能独立、规范操作 (2)能依据测试标准进行试样的准备和测试参数的设定,保证测试结果的正确性 (3)能进行试验结果的计算并出具实验报告		
教学要求	(1)在规定时间内完成任务,结果误差小 (2)正确、安全操作各类仪器 (3)节约原材料,不乱丢试验废弃物 (4)规范书写分析报告		
方法工具	(1)仪器:FA1604S型电子天平、HD026H型电子织物强力仪、YG033A型落锤式织物撕裂仪、HD031NE型电子织物破裂强力仪、YG032N型自动织物胀破强力仪、YG522N型织物耐磨试验机、YG502N型织物起毛起球仪 (2)纺织材料:纯棉、棉/涤混纺、纯毛、毛/涤混纺、长丝织物等 (3)标准:相关纺织品性能测试的国家标准		
提交成果	测试报告		
主要考核点	(1)分析结果的准确性 (2)分析方法的合理性 (3)操作过程的规范性		
评价方法	过程评价＋结果评价		

二、知识要点

(一)影响织物拉伸强力的因素

织物拉伸性能的测试是通过给规定尺寸的试样以恒定伸长速率,使其伸长,直至断裂,记录断裂时的最大拉力和伸长（称断裂强力和断裂伸长率）。影响测试结果的因素主要有被测织物本身的物理结构与化学性能、测试方法与条件等。

1. 被测织物的影响

（1）纤维原料　纤维品种是织物强伸性的决定因素，不同原料的织物、不同混纺比例的产品强伸性都不同。如涤纶、锦纶、丙纶等制品强度一般较大；黏纤、羊毛、锦纶等制品延伸性较好。几种纤维的强伸性比较见表7-1。

表 7-1 几种纤维的强伸性比较

指　标 ＼ 纤　维	棉	亚麻	黏纤	羊毛	蚕丝	涤纶	锦纶 66
断裂强度/cN·dtex^{-1}	1.9～3.1	3.1～4.1	2.2～2.6	0.9～1.6	2.6～3.5	4.0～5.2	4.2～5.9
断裂伸长率/%	7～9	4～5	20～25	25～35	14～25	44～45	38～50

注：涤纶、锦纶66均为短纤维。

（2）经纬密度　经密增加，经向强力增加（交织阻力大）；纬密增加，纬向强力增加，经向强力减小（经纱开口次数增加，拉伸、摩擦增加）。

（3）组织规格　织物组织交错次数越多，强力越高。同条件下，平纹的断裂强力和伸长率大于斜纹，斜纹又大于缎纹。

（4）纱线结构　纱线线密度大，织物拉伸强强力大，线织物大于同特纱织物强度（条干好，捻不匀小）；纱线捻度在接近临界捻度时，织物强力就开始下降；织物中纱线捻向的配置为同捻向时，织物拉伸强力高（纱线交叉处纤维相互啮合，交织阻力大），纱线捻向对织物拉伸强力的影响见图7-1。

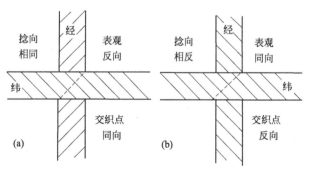

图 7-1 纱线捻向对织物拉伸强力的影响

2. 方法条件的影响

（1）取样　试样的尺寸及其夹持方法对拉伸强力实验结果影响较大，试样的工作长度增加，断裂强力与断裂伸长率有所下降。常用的夹持方法有扯边纱条样法、剪切条样法及抓样法。扯边纱条样法试验结果不匀率较小，用布节约。抓样法试样准备较容易，试验状态比较接近实际情况，但所得强力、伸长值略高。剪切条样法一般用于不易抽边纱的织物，如缩绒织物、毡品、非织造布及涂层织物等。

（2）夹持　必须在铗钳中心位置夹持试样，以保证拉力中心线通过铗钳的中心，否则影响测试结果。

（3）温湿度　测试的温湿度条件不同也会影响织物的强力性能测试结果，因此需要进行预调温、调湿处理，一般棉、麻织物在润湿时强力有上升趋势，而毛、丝织物在润湿后强力有下降趋势，疏水性较强的合成纤维干湿强力差异较小。

（4）仪器　强力试验机有三种类型，等速牵引（CRT）拉伸试验机、等速伸长（CRE）拉伸试验机及等加（CRL）拉伸试验机。用不同的试验机测出的结果有差异，故采用哪种类型的试验机必须在测试报告中加以说明，现主要用等速伸长（CRE）拉伸试验机。当断裂时间相同时，CRE 和 CRT 测试的结果有良好的一致性。

（二）影响织物撕裂强力的因素

织物撕裂强力的测试是织物内局部纱线受到集中负荷而撕成裂缝，是非直接受力的纱线断裂。撕破强力的测试方法有冲击摆锤法、单缝法（单舌法）、双缝法（双舌法）及梯形法。

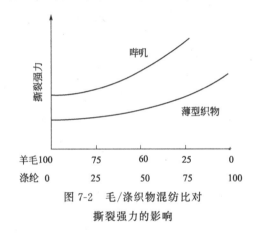

图 7-2　毛/涤织物混纺比对撕裂强力的影响

冲击摆锤法撕破强力的测定应用最广泛，即试样固定在夹具上，将试样切开一个切口，释放处于最大势能位置的摆锤，可动夹具离开固定夹具时，试样沿切口方向被撕裂，把撕破织物一定长度所做的功换算成撕破力。影响撕裂强力的因素主要有以下几种。

1. 被测织物的影响

（1）纤维原料　在其他条件相同时，混纺纤维的种类和混纺比影响织物的撕裂强力。适当比例的锦纶、涤纶等合成纤维与羊毛、棉、黏纤混纺可以提高织物的撕裂强力。混纺比不同，织物的撕裂性能不同，毛/涤织物混纺比对撕裂强力的影响见图 7-2。

（2）织物密度　织物密度增加，一方面使受力三角区中纱的根数增加，另一方面纱线间摩擦阻力增加使受力三角区变小，故对撕裂强力有正负两方面影响。表 7-2 为织物密度对撕裂强力的影响。

表 7-2　织物密度对撕裂强力的影响

织物密度	撕裂强力
经纬密度都较低	撕裂强力较大
经纬密度接近	经纬向撕裂强力接近
经纬密度比>1	经向撕裂强力>纬向撕裂强力
经纬密度比差异过大	撕裂可能不沿切口而沿横向发展

注：以上织物的组织与经纬纱线细度相同。

（3）织物组织　组织交织点越少，经纬纱越容易相对滑移，受力三角区小，撕破强力越小。因此平纹组织织物撕裂强力较小，方平组织织物撕裂强力较大，斜纹和缎纹组织织物撕裂强力介于两者之间。

（4）纱线强力　纱线强力与撕裂强力成正比，纱线伸长越大，受力三角区越大，撕裂强力越大。

（5）纱线结构　纱线的结构、捻度、表面性质等影响交织处的切向阻力，切向阻力小，滑动能力强，受力三角区越大。

2. 方法条件的影响

（1）夹持　夹钳未夹紧时会造成测试过程中织物滑移，从而影响测试结果。

（2）仪器　仪器的水平相当重要，当摆锤摆动时，仪器的移动是误差的主要来源，固定好仪器，使摆锤摆动过程中仪器没有明显的移动，内装的水平泡可调节仪器水平。测试结果应落在所用标尺的 15%～85% 范围内，偏离此范围影响读数的精确度。

（3）方法　测试方法选择不当，会影响测试结果的准确性。一般 GB/T 3917.1—2009 主要适用于牛仔布和印染布，GB/T 3917.2—2009 主要适用于色织布、毛纺面料和服装，GB/T 3917.3—2009 主要适用于非织造布和工业用纺织品。

（4）其他　测试温湿度和取样对织物撕裂强力有一定的影响，机织物每块试样裁取时应使短边平行于织物的经纱和纬纱。

（三）影响织物顶破与胀破强力的因素

织物在一垂直于其平面的负荷作用下多向受力，集中负荷形成剪应力，顶起或鼓起扩张而破裂的现象称为顶破（顶裂）或胀破。它有弹子式和气压式两种。影响顶破与胀破强力的因素主要有以下几种。

1. 被测织物的影响

（1）纱线强力　机织物中经纬纱线的断裂强力、断裂伸长率越大，织物顶破强力也越大。

（2）织物强力　织物拉伸强力大，顶破强力大。

（3）织物厚度　厚度增加，顶破强力增加。

（4）纱线和织物密度　织物中经纬纱线断裂伸长比值越接近于 1 或织物经纬密比值越接近于 1 时，经纬向纱线同时承担最大负荷，同时开裂，裂口成 L 形（三角形），织物的顶破强力越大；当经纬纱线断裂伸长比值越背离 1 或经纬密差异较大时，顶破强力小，裂口成线形。如府绸。

（5）线圈密度　针织物线圈密度大，顶破强力大。

2. 方法条件的影响

取样方法、测试仪器、试样的夹持、温湿度等对织物的顶破性能有一定的影响，可参照影响织物拉伸性能和织物撕裂性能的因素。

（四）影响织物耐磨性的因素

磨损是指织物间或与其他物质间反复摩擦，织物逐渐磨损破坏的现象。根据服用织物的实际情况，不同部位的磨损方式不同，织物的磨损实验仪器大体可分为平磨、曲磨和折磨三类。

表示磨损的指标有单一性指标和综合性指标。单一性指标是指织物出现一定物理破坏时（破洞大小、断纱根数）的摩擦次数，即织物一定摩擦次数后，物理性质的改变。综合性指标是指综合耐磨值。影响织物耐磨性的因素主要有如下几种。

1. 被测织物的影响

（1）纤维细度　纤维细度适中有利于耐磨，过细，应力很大；过粗，织物中纤维根数少，抱合力小，抗弯能力差。

（2）织物强伸性能　织物断裂伸长率、弹性回复率和断裂比功大的，织物的耐磨性一般都好。

（3）纱线结构　纱线捻度过大，纤维片段可移性小、硬、接触面小；过小，纱线结构松，纤维容易抽出。纱线越粗，耐磨性越好，尤其是平磨。纱线的条干均匀度好，耐磨性好。

（4）织物质量　织物平方米重量越高，耐磨性越好。

（5）织物密度　织物的经纬密度适中，耐磨性较好。经纬密度较低时，交织点多，可增大纤维的束缚程度，有助于织物耐磨性能的提高；在经纬密度较高的织物中，在同样的经纬密度条件下，缎纹组织的织物较耐磨，斜纹组织次之，平纹组织最差。

2. 方法条件的影响

（1）磨料的选择　常见的磨料有金属、金刚砂和标准纺织品，不同的磨料可产生不同的磨损特征。

（2）测试压力　压力较低时，多为织物表面摩擦，磨损特征接近于实际穿用情况。压力较大时，磨损剧烈，影响测试结果。

（3）其他　测试温湿度和取样对织物耐磨性能测试有一定的影响。温度对天然纤维影响较小，而对合成纤维影响较大。湿度对黏胶纤维的耐磨性有明显影响，但对涤纶和腈纶几乎无影响。

（五）影响织物起毛起球性的因素

圆轨迹法测试织物起毛起球性能是按规定方法和试验参数，采用尼龙刷和织物磨料，或仅用织物磨料，使试样摩擦起毛起球，然后在规定光照下，对起毛球性能进行视觉描述评定。马丁代尔法测试织物起毛起球性能是在规定压力下，圆形试样以李莎茹（Lissajous）图形的轨迹与相同织物或羊毛织物磨料织物进行摩擦。试样能够绕与试样平面垂直的中心轴自由转动。经规定的摩擦阶段后，采用视觉描述方式评定试样的起毛和起球等级。影响起毛起球性的因素主要有以下几种。

1. 被测织物的影响

（1）纤维品质　织物所用的纤维品质不同，其起毛起球的程度也不同，一般是合成纤维织物较再生纤维和天然纤维织物容易起毛起球，主要是由于合成纤维的抱合力小，靠近织物表面的纤维端容易滑出，又因合成纤维的强度高，伸长大，特别是耐疲劳和耐摩擦性好，织物表面一旦有毛粒状小球形成后，也不易很快脱落。锦纶、涤纶、丙纶等织物起球最严重，维纶、腈纶等织物次之，图7-3为合成纤维织物的起球曲线。

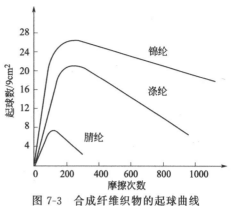

图 7-3　合成纤维织物的起球曲线

纤维的长度、细度和截面形态等几何特性也影响织物起毛起球性能，同品种纤维，长度越长，露出纱线表面的纤维端少，纤维间抱合力和摩擦力较大，不易滑出起球，所以长纤维织物的抗起球性能优于短纤维织物的抗起球性能。

（2）纱线与织物的结构　纱线捻系数大，纱线捻得紧，纤维之间抱合得紧密，起毛起球程度降低。股线织物一般较单纱织物不易起毛起球。平纹组织的织物起球程度小，绉组织的织物起球现象较严重。

（3）纺纱方法　一般来说，精梳织物比粗梳织物耐起毛起球性好，这是由于精梳纱所用纤维一般较长，纱线中纤维排列整齐，短纤维含量较少，纤维端不易露表面的缘故。

（4）染整加工情况　经烧毛、剪毛、定形和树脂整理后织物表面平整，可显著改善起毛起球的情况。

2. 方法条件的影响

（1）评定条件　评定目光的误差影响织物抗起球等级的判定。

（2）测试仪器　测试仪器有圆轨迹起球仪、马丁代尔型仪器、箱式起球仪器，选用的仪器不同，测试结果不同，必须在测试报告中记录选用的测试仪器。

（3）其他　取样、测试环境温湿度都对测试结果有一定的影响。

（六）影响织物折皱回复性的因素

抗折皱是指织物在使用中抵抗起皱以及折皱容易恢复的性能。通常用折皱回复角表示织物的折皱回复能力。折皱回复角是指一定形状和尺寸的试样在规定的条件下被折叠，卸去折痕负荷后经过一定时间，两翼之间所形成的角度。影响折皱回复性的因素主要有以下几种。

1. 被测织物的影响

（1）纤维种类　纤维越粗，折皱回复性越好。纤维弹性好，折皱回复性越好。纤维在干、湿态下的拉伸弹性恢复率大、初始模量较高，则织物的抗皱性较好。几种常见纤维的弹性见表7-3。天然纤维中的羊毛和化学纤维中的涤纶弹性回复率较高，其织物折皱弹性好，而黏纤、棉、麻弹性较差，其织物折皱弹性也差。

（2）纱线结构　纱线捻度适中，抗皱性好；捻度低，纱线易滑移，纤维折皱不易回复；捻度过高，纤维已有变形，加之折痕弯曲变形，会引起塑性形变，且纤维一旦滑移，回复阻力变大，故抗皱性也差。在其他条件相同时，纱线较粗的织物抗皱性好。

表 7-3　几种纤维的弹性比较

指标 ＼ 纤维	竹纤维	莫代尔	黏纤	锦纶	腈纶	丙纶
伸长率/%	8	8	8	10	10	10
急弹回复率/%	59.9	65.2	52.4	14.7	11.8	29.4
缓弹回复率/%	9.9	16.3	10.8	79.9	56.4	64.2
永久形变率/%	30.2	18.5	36.8	5.4	31.8	6.4

（3）织物厚度　织物越厚，其折皱回复性越好。针织物的线圈结构弹性好，蓬松，厚，折皱回复性优于机织物。

（4）织物组织　在织物的三原组织中，平纹交织点最多，外力去除后，织物中纱线不易做相对移动回复到原来状态，故平纹织物折皱回复性较差；缎纹组织交织点最少，折皱回复性较好；斜纹介于平纹和缎纹织物之间。

2. 方法条件的影响

（1）环境条件　由于吸湿会使纤维的弹性回复率降低，润湿可因纤维的径向膨胀作用而使纱线变粗，组织挤紧，折皱回复阻力增大，所以对于亲水性纤维织物还必须考虑湿度和水洗对织物折皱回复性的影响。温湿度增加时，纤维间摩擦阻力增加，导致折皱回复性降低，棉、麻、毛湿热下易起皱。

（2）其他　测试仪器、取样、夹持都会影响织物的抗皱性测试结果。

（七）影响织物接缝滑移的因素

接缝滑移是由于拉伸的作用，机织物中纬（经）纱在经（纬）纱上产生的移动，织物中纱线滑移后形成的缝隙的最大宽度为滑移量。机织物的接缝滑移和接缝强力测试方法有定滑移量法、定负荷法、针夹法以及摩擦法。

接缝滑移测试是将一定尺寸的织物折叠后，沿宽度方向缝线，离缝线一定距离剪开后，使用拉伸强力仪用恒定的速率拉伸至一定的纱线滑移量所用的力或拉伸至一定的强力时的纱线滑移量。

接缝滑移有定滑移测负荷和定负荷测滑移两种方式，可根据不同的测试标准和要求来选择具体的测试方法。影响织物接缝滑移的因素主要有以下几种。

1. 被测织物的影响

（1）纤维种类　长丝织物抗接缝滑移性能较差。

（2）纱线结构　经纬纱线密度差异过大、经纬纱的捻度差异过大，织物的抗接缝滑移性能越差。

（3）织物结构　织物经纬密差异过大、经纬纱交织点偏少等，织物的抗接缝滑移性能越差。松结构、长浮点织物抗接缝滑移阻力小。平纹府绸经纬密度相差较大（经向密度大，纬向密度小），在滑移量为 6mm 时，滑移阻力直接读数。常见纯棉织物的接缝滑移性能测试结果比较见表 7-4。

表7-4　不同规格的纯棉织物接缝处纱线抗滑移性比较

试样名称与规格			测试结果		
品名	经纬纱线密度/tex	经纬密度/根·10cm^{-1}	取样	受力情况	滑移量
府绸	14.58×14.58	524×283	经向	断裂强力超过200N，为277N	小于规定滑移量6mm
			纬向	滑移阻力为74N	滑移量为6mm
平布	19.43×19.43	268×268	—	断裂强力为151N	小于规定滑移量6mm
纱卡	29.15×29.15	551×559	—	断裂强力超过200N，为217N	小于规定滑移量6mm
帆布	58.30×58.30	291×173	纬向	滑移阻力为141N	滑移量6mm

2. 方法条件的影响

（1）试样缝制　接缝类型、针距，缝纫线的强力及性能影响织物的接缝滑移性能。缝制中适当加大针距密度可加大纱线在接缝处产生滑移的阻力。

（2）其他　取样方法、测试仪器、试样的夹持、温湿度等对织物的接缝滑移性能有一定的影响，可参照影响织物拉伸性能和织物撕裂性能的因素。

（八）影响织物水洗尺寸变化率的因素

纺织品在洗涤和干燥时的尺寸变化率直接影响服装生产过程中织物的裁剪尺寸，影响服装在穿着过程中的外观保型性、穿着效果和舒适性。织物尺寸稳定性常用织物的尺寸变化率表征，是纺织品检验的重要项目之一。

织物水洗尺寸变化率是指织物在松弛状态下经水洗涤或浸润后产生收缩，经纬向尺寸相对于原始尺寸的变化率。影响织物水洗尺寸变化率的因素主要有以下几种。

1. 被测织物的影响

（1）纤维种类　不同纤维制品的织物尺寸变化率不同，一般来说，吸湿性大的纤维，浸水后纤维膨胀，直径增大，长度缩短，尺寸变化率就大。棉、麻、毛、丝，特别是黏胶纤维的吸湿很好，因此，这些纤维织物的尺寸变化率偏大。合成纤维吸湿性差，有的几乎不吸湿，所以，合成纤维织物的尺寸变化率很小。

（2）纱线结构　纱线的捻度越大结构越紧密，吸湿后纤维的膨胀会使纱线膨胀，则织物中纱线的屈曲波高增大，纱线在屈曲状态下其长度会变短，故织物就会收缩。因此纱线的捻度越大，织物尺寸变化率越大。

（3）织物结构　机织物的尺寸稳定性要优于针织物；高密度的织物尺寸稳定性要优于低密度的织物；织物经纬向的密度不同，尺寸变化率也不同；经纬向密度相近，其经纬向尺寸变化率也接近。

（4）生产加工过程　织物加工时张力增加，纤维变形增大，内应力和缓弹变形增多，织物浸水后的松弛回缩使织物尺寸变化率明显增大。经过树脂整理和防缩整理的，其尺寸变化率小。

2. 方法条件的影响

（1）环境条件　温度对织物的缩水也有较大的影响，因为热有松弛和膨胀的作用，甚至有热收缩。

（2）其他　测试仪器、取样部位、洗涤剂都会影响织物的水洗尺寸变化率测试结果。

三、技能训练任务

（一）测试机织物的拉伸强力和断裂延伸度

1. 任务

在规定条件下，对同种组织规格的纯棉、涤/棉混纺织物（或其他类型的织物）进行拉伸性能测试，记录并计算断裂强力和断裂伸长率，并分析比较测试结果。

2. 要求

① 每5～6位学生组成一个团队，选择一组给定的面料进行织物经纬向（各5块）拉伸性能测试，对测试数据进行分析比较，并计算。

② 与其他团队的同类面料、非同类面料的测试结果进行比较，并分析测试结果异同点的原因。

③ 参照 GB/T 3923.1—2013《纺织品　织物拉伸性能》的第1部分：断裂强力和断裂伸长率的测定 条样法。

3. 操作程序

（1）仪器工具　HD026H 型电子织物强力仪（CRE）、剪刀、钢尺、镊子、笔、挑针、烘箱。

（2）试样准备　从每块样品上剪取两组试样，一组为径向或纵向试样，另一组为纬向或横向试样。在距布边约150mm处剪取 330mm×60mm 的经、纬向试样各5条（另加预备试样1～2条）。如有更高精度要求，应增加试样数量。试样应具有代表性，应避开折皱、疵点，试样距布边至少150mm，保证试样均匀分布于样品上。例如对于机织物，两块试样不应该包括有相同的经纱和纬纱，取样要求如图7-4所示。

如果要求测定织物的湿强力，则剪取的试样长度应为干强试样的两倍，每条试样的两端编号后，沿横向剪为两块，一块用于干强的强力测定，另一块用于湿态的强力测定。湿润试验的试样应放在温度 20℃±2℃ 的三级水中浸渍1h以上，也可用每升不超过1g的非离子润湿剂的水溶液代替三级水。

沿着条样长度方向，扯去边纱，使条样的宽度精确修正至50mm，如图7-5所示，并且试样上不能存在表面疵点。

（3）仪器设置　打开电源，当仪器自检完成后，根据测试要求按界面显示的 SET、↑、↓、←、→及数字键来选择试验方法和参数，可直接按［设定］键进入参数设定状态屏显，

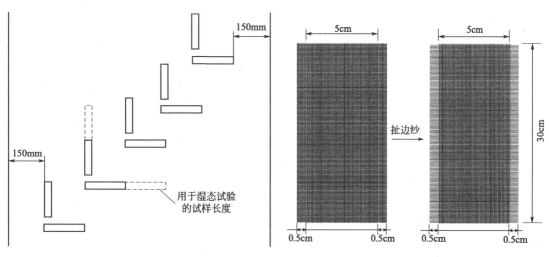

图 7-4　拉伸强力取样示意图　　　　　图 7-5　扯边纱示意图

设定试验参数。

设定隔距长度：对断裂伸长率小于或等于 75% 的织物，隔距长度为 200mm±1mm；对断裂伸长率大于 75% 的织物，隔距长度为 100mm±1mm。

设定拉伸速度：根据织物的断裂伸长或伸长率，按表 7-5 设定拉伸速度。

表 7-5　拉伸速度的设定

隔距长度/mm	织物的断裂伸长率/%	拉伸速度/mm·min^{-1}
200	<8	20
200	8~75	100
100	>75	100

（4）**夹持试样**　先夹紧上夹持器，然后将试样穿过下夹持器引到预加张力夹上。如张力夹值大于仪器内置的预加张力值，则内置的张力值不起作用，张力夹值根据试样的克重按国家标准来选择，详见表 7-6。

表 7-6　预加张力的选择

单位面积克重/g·m^{-2}	预加张力/N
≤200	2
>200，≤500	5
>500	10

（5）**测试**　按启动键启动，上夹持器向上移动，跟踪力值显示实时的力值，拉伸试样至断脱。记录断裂强力（单位：N）、断裂伸长（单位：mm）或断裂伸长率（单位：%）。当试样断裂后，上夹持器稍作停顿后自动向下回到设定的隔距处。试验全部完成后，按↓键进入到统计画面，也可以按↑键，回到工作状态。几种情况的处理如下。

如果试验在钳口处滑移不对称或滑移量大于 2mm 时，舍弃试验结果。

如果试样在钳口 5mm 以内断裂，则作为钳口断裂。当 5 块试样试验完毕，若钳口断裂的值大于最小的"正常值"，可以保留；如果小于最小值"正常值"，应舍弃，另加试验以得到五个"正常值"；如果所有的试验结果都是钳口断裂，或得不到五个"正常值"，应当报告单值，钳口断裂结果应当在报告中指出。

（6）结果计算　分别计算经纬向或纵横向的断裂强力平均值，单位是牛顿，以 N 表示，按 GB 8170 修约，若需要可计算断裂强力平均值。计算结果 10N 及以下，修约至 0.1N；大于 10N 且小于 1000N，修约至 1N；1000N 以上，修约至 10N。分别计算经纬向或纵横向伸长率平均值，按 GB8170 修约。平均值在 8% 及以下时，修约至 0.2%；大于 8% 且小于 50% 时，修约至 0.5%；50% 及以上时，修约至 1%。

计算断裂强力和断裂伸长率的变异系数，修约至 0.1%。

（7）测试报告　内容包括试样名称与规格、隔距长度、拉伸速率、预加张力、试样状态（调湿或湿润）试样数量、舍弃的试样数量及原因、断裂强力平均值及断裂伸长率平均值、断裂强力和断裂伸长率的变异系数。

4. 注意事项

① 本测试方法不适用于弹性织物、纬平针织物。

② 仪器两铗钳的中心点应处于拉力轴线上，铗钳的钳口线应与拉力线垂直，夹持面应在同一平面上。铗钳应能握持试样而不使试样打滑，铗钳面平整，不剪切或破坏试样。但如果使用平整铗钳不能防止试样的滑移时，应使用其他形式的夹持器。夹持面上可使用适当的衬垫材料。

③ 剪取试样的长度方向应平行于织物的经向或纬向，每块试样的有效宽度应为 50mm（不包括毛边）。

④ 要求在标准大气条件下进行测试。

（二）测试机织物的撕破强力

1. 任务

在规定条件下，分别测试纯棉和涤/棉混纺织物（或其他类型的织物）的撕破强力，并分析比较测试结果。

2. 要求

① 每 5～6 位学生组成一个团队，在给定的面料中选择一组面料，进行织物经纬向（各 5 块）撕破性能测试，对测试数据进行分析比较。

② 与其他组团队的同类面料、非同类面料的测试结果进行比较，并分析测试结果异同点的原因。

③ 参照 GB/T 3917.1—2009《纺织品　织物撕破性能》的第 1 部分：冲击摆锤法撕破强力的测定。

3. 操作程序

（1）仪器工具　YG033A 型落锤式织物撕裂仪、直尺、剪刀、笔、镊子、划样板（图 7-6）。

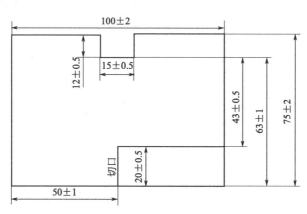

图 7-6 冲击摆锤法撕破强力划样板示意图（单位：mm）

（2）**试样准备** 距布边 150mm 内裁取两组试验试样，一组为经向，另一组为纬向，各 6 块试样，试样的短边应与经向或纬向平行以保证撕裂沿切口进行。试样按图 7-6 裁取，试样形状可略有不同，但撕裂长度保持（43±0.5）mm。试样短边平行于经向的试样为"纬向"撕裂试样，试样短边平行于纬向的试样为"经向"撕裂试样。

（3）**选择摆锤** 第一块试样选择合适质量的摆锤，使试样的测试结果落在相应标尺满量程的 15%～85% 范围内。校正仪器的零位，将摆锤升到起始位置。

（4）**安装试样** 试样夹在夹具中，使试样长边与夹具的顶边平行。将试样夹在中心位置。轻轻将其底边放至夹具的底部，在凹槽对边用小刀切一个（20±0.5）mm 的切口，余下的撕裂长度为（43±0.5）mm。

（5）**测试** 按下摆锤停止键，放开摆锤。当摆锤回摆时握住它，以免破坏指针的位置，从测量装置标尺分度值或数字显示器读出撕破强力，单位为牛顿（N）。检查结果应落在所用标尺的 15%～85% 范围内。每个方向至少重复试验 5 次。

（6）**结果判断** 观察撕裂是否沿力的方向进行以及纱线是否从织物上滑移而不是被撕裂。满足以下条件的试验为有效试验：纱线未从织物上滑移、试样未从夹具中滑移、撕裂完全且撕裂一直在 15mm 宽的凹槽内。不满足以上条件的试验结果应剔除。

如果 5 块试样中有 3 块或 3 块以上被剔除，则此方法不适用，可选用双舌法或梯形法测试织物撕裂强力。双舌法和梯形法试样裁剪图和夹样图分别见图 7-7 和图 7-8，这里不一一阐述。

（7）**结果计算** 冲击摆锤法可直接读出试验结果，以力值来表示织物的抗撕裂性能，单位为牛顿（N）。如果只有 3 块或 4 块试样是正常撕破的，另外写出试样的每个测试结果。计算每个试验方向的撕破强力的算术平均值，保留两位有效数字。撕破强力变异系数精确到 0.1%。

（8）**测试报告** 内容包括试样名称与规格、使用的测量范围、试样数目、剔除试验数及原因、观察到的异常撕破状态。

4. 注意事项

① 试样必须夹牢，否则两面受力不匀将影响测试结果。

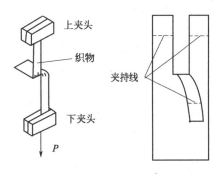

图 7-7 双舌法试样和夹持方法

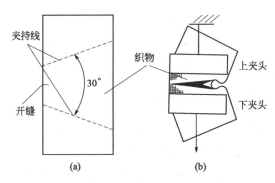

图 7-8 梯形法试样和夹持方法

② 要求在标准大气条件下进行测试。

③ 冲击摆锤法织物撕破强力的测定不适用于机织弹性织物和稀疏织物。

(三) 测试针织物的顶破强力

1. 任务

在规定条件下，选择两种不同的针织面料进行顶破强力测定，分析比较测试结果。

2. 要求

① 每 5～6 位学生组成一个团队，在给定的面料中选择一组面料，剪取 5 块试样，进行针织物的顶破性能测试，对测试数据进行分析比较。

② 与其他团队的同类面料、非同类面料的测试结果进行比较，并分析测试结果异同点的原因。

③ 参照 GB/T 19976—2005《纺织品 顶破强力的测定 钢球法》。

3. 操作程序

(1) 仪器工具 HD031NE 型电子织物破裂强力仪、剪刀、圆形划样板。

(2) 试样准备 试样应具有代表性，试验区域应避免折叠、折皱，并避开布边。选取试样区域的参考方法如图 7-9 所示。进行尺寸应满足大于环形夹持器装置面积，试样数量至少 5 块。

(3) 仪器设置 插上电源插座，打开电源开关，仪器自检结束后设定实验参数。

选择力的量程使输出值在满量程的 10%～90% 之间。设定试验机的速度为 300mm/min±10mm/min。

(4) 夹持试样 将试样反面朝向顶杆，夹持在夹持器上，保证试样平整、无张力、无折皱。

(5) 测试 启动仪器，上夹持器开始下降，对试样施加顶破强力，直至试样破裂，上夹持器自动回复至初始位置。

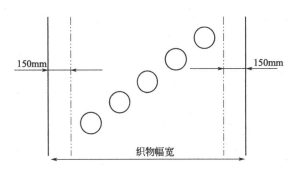

图 7-9 顶破强力取样示意图

记录其最大值作为该试样的顶破强力，以牛顿（N）为单位。如果测试过程中出现纱线从环形夹持器中滑出或试样滑落，应舍弃该试样结果。

在测试过程中，若发现异常现象，应按下［删除］键去除该次测试数据。

（6）结果计算　计算顶破强力的平均值，以牛顿（N）为单位，结果修约至整数位。如果需要，计算顶破强力的变异系数 CV 值，修约至 0.1%。

（7）撰写报告　内容包括试样名称与规格、夹持器和球形顶杆尺寸、试样数量和舍弃的试验数量、试样状态（调湿或湿态）、平均顶破强力。

4. 注意事项

① 试样夹在环形夹内需夹紧，防止试样滑移。

② 预调湿、调湿和试验用大气应按 GB 6529—2008 规定进行。

（四）测试针织物的胀破强力

1. 任务

在规定条件下，选择两类不同的针织物进行胀破强力测定，并分析比较测试结果。

2. 要求

① 每 5～6 位学生组成一个团队，在给定的面料中选择一组面料，剪取 5 块试样进行针织物的胀破性能测试，对测试数据进行分析比较。

② 与其他团队的同类面料、非同类面料的测试结果进行比较，并分析测试结果异同点的原因。

③ 参照 GB/T 7742.1—2005《纺织品　织物胀破性能》第 1 部分：胀破强力和胀破扩张度的测定。

3. 操作程序

（1）仪器工具　YG032N 型自动织物胀破强力仪、剪刀、圆形划样板。

（2）试样准备　试验面积为 50cm²，可参照图 9-9 裁取试样，应避免折叠、折皱，并避开布边。

（3）仪器设定　接通电源，打开电源开关后电源指示灯亮，通电大约 30s 后显示器自动进入测试状态，即为 0.00 显示，此时显示器不再跳动。设定恒定的体积增长速率在 100～500cm³/min 之间。

（4）测试　按下电动机启动按钮，气缸向下压住试验样品，5s 后加压电动机自动运转加压。当测试试片破裂后，显示器上显示最大压力值，此时仪器气缸会自动上升，加压电动机快速退压。气缸回位后，取下试片。

（5）膜片压力的测定　采用与上述试验相同的试验面积和体积增长速率，在没有试样的条件下，胀破膜片，直至达到有试样时的平均胀破高度或平均胀破体积，以此胀破压力作为"膜片压力"。

（6）结果计算　计算胀破压力的平均值，以千帕（kPa）为单位，从该值中减去膜片压力，得到胀破强力，结果修约至 3 位有效数字。

计算胀破高度的平均值，以毫米（mm）为单位，结果修约至 3 位有效数字。

（7）撰写报告　内容包括试样名称与规格、测试仪器、试验面积、体积增长速度、试样数量及舍弃的试验数量、胀破性能的观察情况。

4. 注意事项

（1）试样需夹紧，使试验过程中没有试样的损伤、变形和滑移。

（2）对具有低延伸的织物，如产业用织物，推荐试验面积至少 $100cm^2$。

（五）测试织物的耐磨性

1. 任务

在规定条件下，选择两类不同的面料进行耐磨性能测定，分析比较测试结果。

2. 要求

① 每 5～6 位学生组成一个团队，在给定的面料中选择一组面料剪取 5 块试样，进行织物的耐磨性能测试，对测试数据进行分析比较，并计算失重。

② 与其他团队的同类面料、非同类面料的测试结果进行比较，并分析测试结果异同点的原因。

③ 参照 GB/T 21196.3—2007《纺织品　马丁代尔法织物耐磨性的测定》第 3 部分：质量损失的测定。

3. 操作程序

（1）仪器工具　YG522N 型圆盘式织物平磨仪、电子天平、米尺、划样板、剪刀。

（2）试样准备　试样尺寸直径 125mm，将剪好的试样中央开一小孔，称其质量，然后将试样固定在工作圆盘上，并用六角扳手旋紧夹布环，使试样受到一定张力。

（3）仪器设定　加压重锤有 100g、500g、250g 及 125g 四种，根据测试织物的类型选用适当压力，详见表 7-7。

表 7-7　不同类型的织物对加压重量的要求

织物类型	砂轮种类	加压重量(不含砂轮重量)/g
粗厚织物	A—100	750(或 1000)
一般织物	A—150	500(或 750、250)
薄型织物	A—280	125(或 250)

调节吸尘管的高度，一般高出试样 1～1.5mm 为宜，将吸尘器的吸尘软管及电气插头插在平磨仪上，根据磨屑重和多少用平磨仪右端的调压手柄调节吸尘管的风量。

（4）测试　将计数器拨至所需摩擦次数，开启开关进行试验；或在仪器转动时观察织物表面情况，当织物表面出现两根纱线断裂时记录摩擦次数。

测试完毕，将支架吸尘管抬起，取下试样，使计数器复位，清理砂轮，每种试样试验次数为5～10次，然后将试样合并称重，求其算术平均数。

（5）结果评定 可采用失重法和外观性能的变化来表示。

① 失重法：单位面积的失重为试样原来重量和磨损后的重量差，对试样受磨面积的百分比，即

$$失重率(\%)=\frac{W_0-W_1}{W_0}\times100$$

式中 W_0——试样原重量，g；

W_1——试样磨损后重量，g。

② 外观性能：根据光泽的变化、表面性能的变化（起球、起毛）、颜色的变化、第一次看见纤维断裂、第一次出现洞眼等判断织物的耐磨性能。

4. 注意事项

① 测试温度对测试结果有一定的影响，所以应在一定的环境温度下测试。

② 根据服用织物的实际情况，不同部位的磨损方式不同，因而织物的磨损实验仪器的种类和型式也较多，大体可分为平磨、曲磨和折磨三类。三种实验仪的实验条件各不相同，其实验结果不能相互代替。

（六）测试织物的起毛起球性

1. 任务

在规定条件下，选择两类不同的面料进行起毛起球性能测定，分析比较测试结果。

2. 要求

① 每5～6位学生组成一个团队，在给定的面料中选择一组面料，剪取5个圆形试样进行织物的耐磨性能测试，对测试数据进行分析比较。

② 与其他团队的同类面料、非同类面料的测试结果进行比较，并分析测试结果异同点的原因。

③ 参照GB/T 4802.1—2008《纺织品 织物起毛球性能的测定》第1部分：圆轨迹法。

3. 操作程序

（1）仪器工具 YG502型起毛起球仪、织物磨料、放大镜、起毛起球标准样照、评级箱、机织毛毡（重578～678g/m²、厚度约1.8mm）、试样垫片（聚氨酯泡沫塑料，相对密度为0.04g/cm³，厚度为3mm）、圆形冲样器（直径为40mm）或模板、笔、剪刀。

（2）试样准备 从样品上剪取5个圆形式样，每个试样的直径为（113±0.5）mm，试样上不能有影响试验结果的疵点。在每个试样上标记织物反面。当织物没有明显的正反面时，两面都要进行测试。另剪取1块评级所需的对比样，尺寸与试样相同。取样时，各试样不应包括相同的经纱和纬纱。

（3）仪器调试　试验前仪器应保持水平，尼龙刷保持清洁，如有凸出的尼龙丝，可用剪刀剪平，如已松动，则可用夹子夹去。分别将泡沫塑料垫、试样和织物磨料装在试验夹头和磨台上，试样应正面朝外。

（4）测试　打开电源开关，根据织物类型按表7-8选取试验参数进行试验。试验结束取下试样准备评级，注意不要使试验面受到任何外界影响。

表 7-8　试验参数及适用织物类型示例

参数类别	压力/cN	起毛次数	起球次数	适用织物类型
A	590	150	150	工作服面料、运动服装面料、紧密厚重织物等
B	590	50	50	合成纤维长丝外衣织物等
C	490	30	50	军需服(精梳混纺)面料等
D	490	10	50	化纤混纺、交织织物等
E	780	0	600	精梳毛织物、轻起绒织物、短纤纬编针织物、内衣面料等
F	490	0	50	粗梳毛织物、绒类织物、松结构织物等

注：1. 表中未列的其他织物可以参照表中所列类似织物或按有关各方商定选择参数类别。

2. 根据需要或有关各方协商同意，可以适当选择参数类别，但应在报告中说明。

（5）结果评定　评级箱应放置在暗室中，沿织物经（纬）向将一块已测试样和未测试样并排放置在评级箱的试样板的中间，如果需要，可采用适当的方式固定在适宜的位置，已测试样放置在左边，未测试样放置在右边。如果测试样在测试前未经过预处理，则对比样应为未经过预处理的试样；如果测试样在起球测试前经过预处理，则对比样也应为经过预处理的试样。

依据表7-9中列出的视觉描述对每一块试样进行评级。如果介于两级之间，记录半级，如3.5级。并计算平均值，如果平均值不是整数，修约至最近的0.5级，并用"—"表示，如3—4级。

表 7-9　视觉描述评级

级数	状态描述评级
5	无变化
4	表面轻微起毛和(或)轻微起球
3	表面中度起毛和(或)中度起球,不同大小和密度的球覆盖试样的部分表面
2	表面明显起毛和(或)起球,不同大小和密度的球覆盖试样的大部分表面
1	表面严重起毛和(或)起球,不同大小和密度的球覆盖试样的整个表面

（6）撰写报告　内容包括试样名称与规格、测试标准、参数类型、起毛起球的最终评定级数。

4. 注意事项

① 由于评定的主观性，建议至少2人将试样进行评定。在有关方的同意下可采用样照，以证明最初描述的评定方法。记录表面外观变化的任何其他状况。

② 为防止直视灯光，在评级箱的边缘，从试样的前方直接观察每一块试样进行评级。

(七) 测试织物的折皱回复性

1. 任务

在规定条件下，选择两类不同的面料进行织物的折皱回复性能测定，分析比较测试结果。

2. 要求

① 每5～6位学生组成一个团队，在给定的面料中选择一组面料，经纬向各剪取5个凸字形试样，进行织物的折皱回复性能测定，对测试数据进行分析比较。

② 与其他团队的同类面料、非同类面料的测试结果进行比较，并分析测试结果异同点的原因。

③ 参照 GB/T 3819—1997《纺织品　织物折痕回复性的测定　回复角法》。

3. 操作程序 (垂直法)

① 取待测试样正面经向、纬向各5个，形状为凸字形。

② 将试样的固定翼装入试样夹内，使试样的折叠线与试样的折叠标记线重合，沿折线对折试样，不要在折叠处施加任何压力，然后在对折好的试样上放上透明压板，再加上压力重锤。

③ 当试样承受压力负荷达到规定时间后，迅速卸除压力负荷，并将试样夹连同透明压板一起翻转90°，随即卸去透明压板，开始计时，这时试样回复翼打开。

④ 用测角装置读取试样去除负荷后15s时的折痕回复角（称急弹），再读取去除负荷5min后的折痕回复角（称缓弹）。

⑤ 如果试样的自由翼有轻微卷曲或扭曲，以其根部挺直部位的中心线为基准读取折痕回复角。

⑥ 记录或保存试验数据，计算经、纬向折痕回复角平均值，然后将经、纬向的急弹平均值相加（经急弹＋纬急弹），经、纬向的缓弹平均值相加（经缓弹＋纬缓弹），评价织物的防皱性能。

4. 注意事项

① 准备折皱回复角测定试样，应严格按照织物的经、纬向及大小要求剪取。

② 人工记录测试数据时，应在规定时间内快速读数。

(八) 测试机织物的接缝滑移和接缝强力

1. 任务

选择不同规格的长丝织物进行接缝滑移和接缝强力测定，并分析比较不同织物的抗接缝滑移性能。

2. 要求

① 每5～6位学生组成一个团队,在给定的面料中选择一组面料,经纬向各剪取5块试样,进行接缝滑移和接缝强力测定,对测试数据进行分析比较。

③ 与其他团队的同类面料、非同类面料的测试结果进行比较,并分析测试结果异同点的原因。

④ 参照 GB/T 13772.1—2008《纺织品 机织物接缝处纱线抗滑移的测定》第1部分:定滑移量法。

3. 操作程序

(1) 仪器工具 HD026H 型电子织物强力仪(CRE)、剪刀、钢尺(分度值0.5mm)、笔、缝纫机、缝针、缝线。

(2) 试样准备 在距样品布边至少150mm的区域取样,每两块试样不应包含相同的经纱和纬纱。取经纱滑移试样和纬纱滑移试样各5块,每块试样的尺寸为400mm×100mm,经纱滑移试样的长度方向平行于纬纱,用于测定经纱滑移;纬纱滑移试样的长度方向平行于经纱,用于测定纬纱滑移。

选择合适的缝纫线、缝针,调节缝纫机,使其对试样的缝迹密度符合规定要求。具体内容见表7-10。

表 7-10 服用织物缝纫要求

缝纫线规格		缝针规格		针迹密度/针迹数·100mm^{-1}
材质	线密度/tex	公制机针号数	直径/mm	
100%涤纶包芯纱(长丝芯,短纤包覆)	45±5	90	0.90	50±2

将试样正面朝内折叠110mm,折痕平行于宽度方向。在距折痕20mm处缝一条缝迹,沿长度方向距布边38mm处画一条与长边平行的标记线,以保证对缝合试样和未缝合试样进行试验时夹持对齐同一纱线。

在折痕端距缝迹线12mm处剪开试样(图7-10),将缝合好的试样沿宽度方向距折痕110mm处剪成两段,一段包含接缝,另一端不包含接缝,不含接缝的长度为180mm。

(3) 参数设定 设定拉伸实验仪的隔距长度为100mm±1mm,拉伸速度为50mm/min±5mm/min,抓样试验夹持试样的尺寸为(25mm±1mm)×(25mm±1mm)。

(4) 测试 夹持不含接缝的试样,使试样长度方向的中心线与夹持器的中心线重合启动仪器直至达到终止负荷200N。夹持含接缝的试样,保证试样的接缝位于两夹持器中间且平行于夹面,启动仪器直至达到终止负荷200N,滑移量记录图见图7-11。

(5) 结果计算 由电脑软件可直接获得规定滑移量时滑移阻力的测试结果,分别计算出试样的经纱平均滑移阻力和纬纱平均滑移阻力,修约至最接近的1N。

如果拉伸力在200N时,试样未产生规定的滑移量,记录结果为大于200N。

如果拉伸力在200N以内试样或接缝出现断裂,从而导致无法测定滑移量,则记录"织

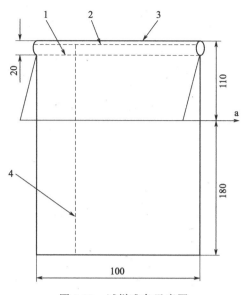

图 7-10 试样准备示意图

1—缝迹线（距折痕 20mm）；2—剪切线
（距缝迹线 12mm）；3—折痕线；4—标记线
（距布边 38mm）；a—裁样方向

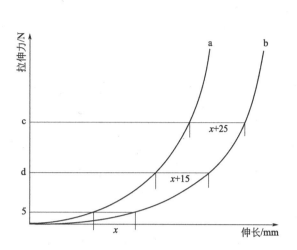

图 7-11 滑移量记录图

a—不含接缝试样；b—接缝试样；
c—滑移量为 5mm 时的拉伸力；
d—滑移量为 3mm 时的拉伸力

物断裂"或"接缝断裂"，并记录此时所施加的拉伸力值。

（6）撰写报告　内容包括试样名称与规格、选择的滑移量；规定滑移量对应的经纱平均滑移阻力和纬纱平均滑移阻力、拉伸力大于 200N、"织物断裂"或"接缝断裂"的测试结果说明。

4. 注意事项

① 一般织物规定滑移量采用 6mm，对缝隙很小不能满足使用要求的织物可采用 3mm。

② 夹持器的中心点应处于拉力轴线上，夹持线应与拉力线垂直，夹持面在同一平面上。

（九）测试织物的水洗尺寸变化率

1. 任务

在规定条件下，选择两类不同的织物进行起水洗尺寸变化率的测定，分析比较测试结果。

2. 要求

① 每 5～6 位学生组成一个团队，在给定的面料中选择一组面料，每个样品试验 3 个试样，进行织物的水洗尺寸变化率测定，对测试数据进行分析比较。

② 与其他团队的同类面料、非同类面料的测试结果进行比较，并分析测试结果异同点的原因。

③ 参照 GB/T 8628—2013《纺织品　测定尺寸变化的试验中织物试样和服装的准备、

标记及测量》GB/T 8629—2001《纺织品　试验用家庭洗涤和干燥程序》及 GB/T 8630—2013《纺织品　洗涤和干燥后尺寸变化的测定》。

3. 操作程序

（1）仪器工具　YG701B 型全自动织物缩水率试验机、能精确标记的笔、缝针、缝进织物做标记的细线（其颜色与织物颜色应能形成强烈对比缝线）、剪刀、钢尺（分度值 0.5mm，长度大于所测量的最大尺寸）、标准洗涤剂、陪洗物。

（2）试样准备　剪裁试样，每块至少 500mm×500mm，各边分别与织物经向和纬向相平行。如果织物在水洗试验中可能脱散，使用尺寸稳定的缝线对试样锁边。

将试样平放在测量台上，在试样的经向和纬向方向上，至少各做三对标记。每对标记点之间的距离至少 350mm，标记距离试样边缘应不小于 50mm，标记在试样上的分布应均匀（图 7-12）。

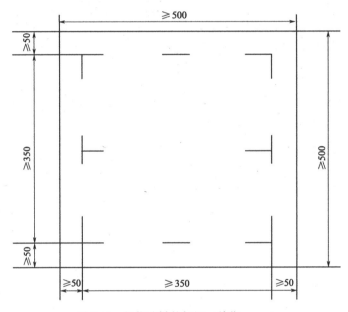

图 7-12　织物试样的标记（单位：mm）

（3）水洗前尺寸测量　将试样平放在测量台上，轻轻抚平折皱，避免扭曲试样。将量尺放在试样上，测量两标记点之间的距离，记录精确至 1mm。

（4）试验参数设定　根据产品标准，从表 7-11 中选择 A 型洗衣机的洗涤程序，从表 7-12 中选择 B 型洗衣机的洗涤程序，从表 7-13 中选择干燥方法。

（5）测试　从表 7-11 或表 7-12 中选择某一洗涤程序，将待洗试样放入洗衣机，加足量的陪洗物，使所有待洗载荷的空气中的干质量达到所选洗涤程序规定的总载荷值。试样的量不应超过总载荷量的一半。加足量的洗涤剂以获得良好的搅拌泡沫，泡沫高度在洗涤周期结束时不超过（3±0.5）cm。

（6）干燥　在完成洗涤程序的最后一次脱水后取出试样，注意不要拉伸或绞拧，按表 7-13 选择一种干燥程序干燥。

表 7-11　水平转鼓型洗衣机—A 型洗衣机洗涤程序

程序编号	加热、洗涤及冲洗中的搅拌	总负荷（干质量）/kg	洗涤				冲洗 1		冲洗 2			冲洗 3			冲洗 4		
			温度/℃	水位/cm	洗涤时间/min	冷却	水位/cm	冲洗时间/min	水位/cm	冲洗时间/min	脱水时间/min	水位/cm	冲洗时间/min	脱水时间/min	水位/cm	冲洗时间/min	脱水时间/min
1A	正常	2±0.1	92±3	10	15	要	13	3	13	3	—	13	2	—	13	2	5
2A	正常	2±0.1	60±3	10	15	不要	13	3	13	3	—	13	2	—	13	2	5
3A	正常	2±0.1	60±3	10	15	不要	13	3	13	2	—	13	2	2	—		
4A	正常	2±0.1	50±3	10	15	不要	13	3	13	2	—	13	2	2	—		
5A	正常	2±0.1	40±3	10	15	不要	13	3	13	2	—	13	2	—	13	2	5
6A	正常	2±0.1	40±3	10	15	不要	13	3	13	2	—	13	2	2	—		
7A	柔和	2±0.1	40±3	13	3	不要	13	3	13	3	1	13	2	6	—		
8A	柔和	2±0.1	30±3	13	3	不要	13	3	13	3	—	13	2	2	—		
9A	柔和	2	92±3	10	12	要	13	3	13	3	—	13	2	2	—		
仿手洗	柔和	2	40±3	13	1	不要	13	2	13	2	2	—					

表 7-12　搅拌型洗衣机—B 型洗衣机洗涤程序

程序编号	洗涤和冲洗中的搅拌	总负荷（干质量）/kg	洗涤			冲洗	脱水
			温度/℃	液位	洗涤时间/min	液位	脱水强度
1B	正常	2±1	70±3	满水位	12	满水位	正常
2B	正常	2±1	60±3	满水位	12	满水位	正常
3B	正常	2±1	60±3	满水位	10	满水位	柔和
4B	正常	2±1	50±3	满水位	12	满水位	正常
5B	正常	2±1	50±3	满水位	10	满水位	柔和
6B	正常	2±1	40±3	满水位	12	满水位	正常
7B	正常	2±1	40±3	满水位	10	满水位	柔和
8B	柔和	2±1	40±3	满水位	8	满水位	柔和
9B	正常	2±1	30±3	满水位	12	满水位	正常
10B	正常	2±1	30±3	满水位	10	满水位	柔和
11B	柔和	2±1	30±3	满水位	8	满水位	柔和

表 7-13　干燥程序

干燥程序编号	干燥程序名称	操作方法
A	悬挂晾干	将脱水后的试样悬挂在绳、杆上，在室温静止空气中晾干。悬挂时，试样的经向或纵向应处于垂直位置
B	滴干	将试样从洗衣机中取出，不脱水，悬挂在绳、杆上，在室温静止空气中晾干。悬挂时，试样的经向或纵向应处于垂直位置
C	摊平晾干	将试样平放在水平筛网干燥架上，用手抚去折皱，不得拉伸或绞拧，晾干

干燥程序编号	干燥程序名称	操作方法
D	平板压烫	将试样放在压烫平板上。根据试样需求设定压头温度,放下压头对试样压烫一个或多个短周期,直至烫干。记录所用温度和压力
E	翻滚烘干	在洗涤和脱水程序结束时,立即将试样和陪洗物装入翻滚烘干机
F	烘箱烘燥	把试样放在烘箱内的筛网上摊平,用手除去褶皱,注意不要使其伸长或变形,烘箱温度为60℃±5℃,然后使之烘干

若采用试样滴干程序时,在进行最后一次脱水之前停机并取出试验材料,注意不要拉伸或绞拧。

(7) 水洗后尺寸测量　将干燥后的试样平放在测量台上,用量尺测量两标记点之间的距离,记录精确至1mm。

(8) 结果表示　分别记录每对标记点的测量值,并计算尺寸变化量相对于初始尺寸的百分数。

$$D = \frac{x_1 - x_0}{x_0} \times 100\%$$

式中　D——尺寸变化率,%;

　　x_0——试样的初始尺寸,mm;

　　x_1——试样处理后的尺寸,mm。

尺寸变化率的平均值修约至0.1%。使用"＋"号表示伸长,使用"－"号表示收缩。

4. 注意事项

① 剪裁试样,各边分别与织物经向和纬向平行,不能歪斜。

② 在测量和晾干过程中,用手除去试样褶皱,不要拉伸或绞拧。

四、问题与思考

1. 影响织物拉伸强力测试结果的因素有哪些?

2. 根据测试结果,分析并比较两种试样的撕破性能,并说明影响试验结果的因素。

3. 根据测试的结果,分析影响织物顶破强力和胀破强力的因素有哪些?并比较两种测试方法。

4. 分析影响织物耐磨性能的因素有哪些?

5. 分析影响织物起毛起球性能的因素有哪些?

6. 影响织物抗接缝滑移性能的因素有哪些?

7. 测试织物缩水率的意义及影响测试结果的因素有哪些?

项目八 分析面料的生态安全性

一、任务书

单元任务	(1)测试织物的 pH 值 (2)测试织物上的甲醛含量 (3)测试织物的耐水色牢度 (4)测试织物的耐摩擦色牢度 (5)测试织物的耐汗渍色牢度 (6)测试织物的耐唾液色牢度	参考学时	6～8
能力目标	(1)熟悉纺织品生态安全检测标准 (2)能根据标准,独立规范地进行纺织品 pH 值、甲醛含量和相关色牢度的检测 (3)能够依据测试结果对纺织品的生态安全性进行评价、分析		
教学要求	(1)以生态安全检测标准为教学指南,介绍相关生态指标的检测方法 (2)教会学生规范地进行纺织品 pH 值、甲醛含量和相关色牢度指标的检测 (3)教会学生对检测结果进行评价,并对影响因素进行探讨分析 (4)组织学生以团队形式进行实验,教师现场指导答疑,促进学生技能的掌握		
方法工具	(1)仪器设备(特定):pH 值测试仪、分光光度仪、汗渍牢度仪、摩擦牢度试验仪等 (2)仪器设备(常规):水浴锅、电子天平、量筒、烧杯、容量瓶、大肚吸管、三角烧瓶、坩埚过滤器、镊子、试管等 (3)纺织材料:各种待测试纺织面料、标准贴衬织物等 (4)标准样照:评定变色用灰色样卡、评定沾色用灰色样卡等		
提交成果	测试报告		
主要考核点	(1)操作过程的规范性 (2)测试结果的准确性 (3)出勤率、参与态度等		
评价方法	(1)过程评价与结果评价相结合 (2)教师评价与学生评价相结合		

二、知识要点

(一)织物上的 pH 值概述

纺织品在染整加工过程中常会用到酸或碱性物质,织物上的酸、碱度过高,超出人体皮肤的适应范围，会对人体的汗腺及神经系统造成损害。通常情况下，纺织品的 pH 值保持在微酸性和中性之间有利于人体的健康。我国强制执行国家标准 GB 18401—2010《国家纺织产品基本安全技术规范》，把纺织品的 pH 值纳入控制范围，规定婴儿用纺织品的 pH 值范围为 4.0～7.5，直接接触皮肤的纺织品为 4.0～8.5，非直接接触皮肤的纺织品为 4.0～9.0。纺织品的 pH 值是通过测试纺织品水萃取液的 pH 值来确定的，影响纺织品上 pH 值的因素主要有如下两个方面。

1. 染整加工的影响

纺织品在印染和后整理过程中使用的各种染料和整理助剂，特别是运用到强酸或是强碱的加工情形，如棉织物在浓碱条件下丝光；羊毛在强酸条件下染色等加工后，若未经充分水洗或中和，或是依靠经验来决定水洗次数和加酸、碱中和的量等，就会使最终产品的 pH 值超标。

2. 实验方法条件的影响

纺织品的 pH 值测试是依靠整个操作系统，pH 计、缓冲液、玻璃电极的使用和保养、测量温度等因素都会直接影响到测试结果。

（二）织物上的甲醛含量概述

甲醛是一种无色有刺激性气味的有毒有机化合物，若纺织品中的甲醛含量超标，在使用或是服用过程中释放出的游离甲醛会对呼吸道黏膜和皮肤产生强烈刺激，引发呼吸道及皮肤疾病，极易对人体造成伤害，同时在纺织品对外贸易中可能造成巨大的经济损失。因此，对纺织品进行甲醛含量的检测尤为重要。我国强制执行国家标准 GB 18401—2010《国家纺织产品基本安全技术规范》，依据产品的最终用途对甲醛含量做出了限定。婴幼儿类纺织品甲醛含量≤20mg/kg，直接接触皮肤类纺织品≤75mg/kg，非直接接触皮肤类纺织品、室内装饰类纺织品≤300mg/kg。根据国标 GB/T 2912—2009《纺织品　甲醛的测定》，纺织品上甲醛含量测定方法有水萃取法、蒸汽吸收法、高效液相色谱法。影响纺织品上甲醛含量的因素主要有如下两个方面。

1. 染整加工的影响

甲醛广泛应用于纺织品染整助剂中，如树脂整理剂、固色剂、柔软剂、防水剂、阻燃剂及交联型黏合剂等。尤其是后整理中，常以乙二醛、尿素、甲醛为原料合成具有防缩、抗皱、免烫等功能的整理剂，纺织品经其整理后，在人们穿着和使用过程中会不同程度地逐渐释出游离甲醛。

2. 实验方法条件的影响

实验时样品存放条件、样品的萃取方式、显色剂、比色皿、取样部位等因素对测试结果都会产生影响。

（三）织物的色牢度概述

色牢度是指染色或印花纺织品在物理和化学作用下，颜色保持坚牢的程度，是衡量纺织品质量的重要指标之一。常见的色牢度有耐皂洗色牢度、耐摩擦色牢度、耐汗渍色牢度、耐唾液色牢度、耐水色牢度、耐日晒色牢度等。色牢度的好坏会影响纺织品的美观和服用性能；另一方面，也直接关系到人体的健康。色牢度差的产品上的染料分子、重金属离子等有可能会被人体皮肤吸收而伤害人体的健康。我国强制执行国家标准 GB 18401—2010《国家纺织产品基本安全技术规范》，依据产品的最终用途对色牢度做出了要求，见表 8-1。

表 8-1　生态纺织标准对色牢度的要求

染色牢度项目	A 类	B 类	C 类
耐水（变色、沾色）	3—4	3	3
耐酸汗渍（变色、沾色）	3—4	3	3
耐碱汗渍（变色、沾色）	3—4	3	3
耐干摩擦	4	3	3
耐唾液耐酸汗渍（变色、沾色）	4	—	—

注：A 类为婴幼儿纺织品；B 类为直接接触皮肤的产品；C 类为非直接接触皮肤的产品。

纺织品的印染加工过程及实验测试的方法条件，均可能会影响纺织品的色牢度。纺织品色牢度的影响因素具体分析如下。

（1）**染料的选择**　染料的选择对色牢度的影响较大，不同的种类染料与纤维的结合形式不同，结合键的牢固程度也不同。一般需先依据纤维的种类选择适合的染料类型，再依据颜色深浅、牢度要求、配伍性等选择合适的染料。如还原染料与活性染料均可染纤维素纤维织物，但还原染料染色的织物因其上染的染料是非水溶性的，其耐湿摩擦牢度优于活性染料上染的染色织物。

（2）**助剂的选择**　需选择与染料配套的助剂，对于深颜色，染料不易吸尽，可将助剂分批加入，以提高吸尽率及染色牢度，起到固色的作用。此外，固色剂的使用，可以提高染色牢度，一般至少能提高 0.5～1 级。

（3）**染色工艺的制定**　制定染色工艺时，要根据染料和产品确定合适的染色时间、升温速度和保温时间。对于浅色，升温速度要慢，保温时间可短一些；对于深色，升温速度可快，但保温时间需长些，使染料和纤维能充分结合，起到固色作用。

（4）**后道水洗**　在皂洗和水洗时，一定要洗充分，并且保证工艺的合理性和稳定性。如果浮色不能被充分洗净会降低纺织品的色牢度。

（5）**实验方法条件**　测试时所采用的标准、取样部位、操作的规范性等都会影响色牢度的测试结果。

三、技能训练任务

(一) 测试织物的 pH 值

1. 任务

分别测定某面料的成品、半制品试样的 pH 值。

2. 要求

① 测试纯棉或涤/棉成品及其半制品试样的 pH 值，并评价分析被测试样是否满足产品基本安全技术规范要求或染整后序加工对 pH 值的要求。

② 参照标准 GB/T 7573—2009《纺织品　水萃取液　pH 值的测定》。

3. 操作程序

(1) 水萃取液的制备

① 将试样剪成约 5mm×5mm 的碎片，精确称取 (2.00±0.05)g 试样三份。

② 将试样分别放入 3 只三角烧瓶中，加入 100mL 三级水或去离子水，盖紧瓶塞，充分摇动片刻，以使试样充分润湿。

③ 将烧杯置于机械振荡器上振荡 2h±5min，室温一般控制在 10～30℃，如果确认 2h 与 1h 的实验结果无明显差异，可以采用 1h。

④ 记录萃取温度，收集萃取液。

(2) 仪器标定

① 调节 pH 计的温度与萃取液温度一致，校正仪器的零位。

② 根据萃取液的酸碱性，选择两种已知 pH 值的标准缓冲溶液对仪器进行定位，使读数恰好为标准缓冲溶液 pH 值。选用的标准缓冲溶液 pH 值应尽可能与待测溶液 pH 值接近。标准缓冲溶液制备详见标准 GB/T 7573—2009《纺织品　水萃取液　pH 值的测定》中的附录 A。

(3) pH 值测定

① 将第一份萃取液倒入烧杯，迅速把电极浸没到萃取液面下至少 10mm，用玻璃棒轻轻搅拌溶液，直到 pH 值稳定。

② 取第二份萃取液，迅速把电极（不清洗）浸没到萃取液面下至少 10mm，静置直到 pH 值稳定，记录结果。

③ 取第三份萃取液，测试步骤同②，记录结果。

(4) 结果计算

① 以第二、第三份水萃取液所测得的 pH 值作为测量值（精确到 0.1）。

② 如果两个 pH 测量值之间差异大于 0.2，则另取其他试样重新测试，直至得到两个有效的测量值，计算其平均值。

4. 注意事项

① 当试样水萃取液测定结果有疑义时，可采用 0.1mol/L 氯化钾溶液作为萃取介质。

② 更换缓冲液或样品萃取液前应充分洗涤电极，并吸干水分。

③ 不宜用手直接接触试样，避免污染而影响测试结果。

④ 测试过程中的操作细节，如蒸馏水的储存保管、测量环境与温度、pH 计标定和电极的清洗次数等，都会导致 pH 值测量结果的不稳定性。

⑤ pH 值测试有不同的国际标准，采用不同的测试标准所得的 pH 值没有可比性。

(二) 测试织物上的甲醛含量

1. 任务

对未经防皱和经不同防皱整理剂整理的纯棉织物，进行甲醛含量测定。

2. 要求

① 对送检的纺织品试样采用液相萃取法进行甲醛含量的测定，评价被测试样是否满足产品基本安全技术规范要求。

② 参照国家标准 GB/T 2912.1—2009《纺织品甲醛的测定》第 1 部分：游离和水解的甲醛（水萃取法）。

3. 操作程序

(1) 甲醛标准溶液和标准曲线的绘制

① 相关试剂的配置。

a. 乙酰丙酮溶液（纳氏试剂）：在 1000mL 容量瓶中加入乙酸铵 150g，加入 800mL 蒸馏水使其溶解，再加 3mL 冰乙酸和 2mL 乙酰丙酮，加蒸馏水稀释至刻度。转移至棕色瓶避光储存。由于该溶液配制好后储存开始 12h 颜色会逐渐变深，因此应储存 12h 后使用，有效期为 6 周。经长时间储存后，其灵敏度会稍起变化，故每星期应作一校正曲线与标准曲线校对为妥。

b. 1500μg/mL（或 mg/L）甲醛原溶液：用移液管吸取 37% 甲醛溶液 3.8mL，加入 1000mL 的容量瓶中，用蒸馏水稀释至刻度。待标定，有效期为 4 周。

c. 0.1mol/L 亚硫酸钠溶液（Na_2SO_3）：称取 126g 无水亚硫酸钠放入 1000mL 的容量瓶，用蒸馏水稀释至刻度，摇匀。

② 标准溶液的制备：吸取 10mL 甲醛原溶液放入容量瓶中用水稀释至 200mL，此溶液含甲醛 75mg/L。

③ 校正溶液的制备：吸取一定体积的 75mg/L 标准溶液加入 500mL 容量瓶中，并定容至刻度。按照表 8-2 制备备选校正溶液。

④ 显色液准备：用移液管分别吸取甲醛标准溶液 5mL 于试管中，加入乙酰丙酮溶液 5mL，加盖并摇匀；再取另一支试管吸取 5mL 蒸馏水和 5mL 乙酰丙酮溶液，加盖并摇匀，作为参比溶液。

⑤ 显色：将试管置于 40℃±2℃ 水浴中加热（30±5)min，反应完毕冷却（30±5)min。

⑥ 测定：用分光光度计在波长 412nm 条件下分别测定显色后溶液的吸光度 A。

表 8-2　备选校正溶液的制备

备选校正溶液	甲醛标准溶液体积/mL	校正溶液的甲醛含量/(μg/mL)	织物的甲醛含量/(mg/kg)
1	1	0.15	15
2	2	0.30	30
3	5	0.75	75
4	10	1.50	150
5	15	2.25	225
6	20	3.00	300
7	30	4.50	450
8	40	6.00	600

⑦ 曲线绘制：以甲醛标准溶液质量浓度（μg/mL 或 mg/L）为横坐标，相应的吸光度 A 为纵坐标，绘制甲醛溶液的标准曲线。

（2）织物上甲醛的水萃取

① 将待测试样剪碎后准确称取两份平行试样，重量为 1g（精确到 10mg），分别放入 250mL 碘量瓶或具塞三角瓶中，再加 100mL 蒸馏水，盖上瓶盖。

② 将碘量瓶或具塞三角瓶置于（40±2）℃水浴中振荡保温（60±5）min，每隔 5min 摇瓶 1 次。

③ 萃取结束，待样品冷却到室温后，用玻璃砂芯坩埚进行过滤，得到萃取液。

（3）织物上甲醛释放量的测定

① 用移液管吸取 5mL 的萃取液放入试管中，分别加入 5mL 乙酰丙酮，加盖摇匀，置于（40±2）℃水浴中显色（30±5）min，取出冷却至室温备用。另以 5mL 蒸馏水和 5mL 乙酰丙酮作为空白参比溶液。

② 用分光光度计在波长 412nm 条件下测定萃取液的吸光度。如果不在测量范围内，即超出 5μg/mL，可将萃取液稀释后再进行测定，但计算结果时应乘以稀释倍数。

③ 根据所测得的萃取液吸光度，从甲醛溶液标准曲线上查得对应的甲醛浓度，按下式计算从织物上萃取的甲醛含量（μg/g 或 mg/kg）。

$$织物上萃取的甲醛含量 = \frac{100c}{m}$$

式中　c——在甲醛标准曲线上查得甲醛浓度，μg/mL；

　　　m——试样重量，g。

④ 以两次平行试验的平均值作为试验结果，计算结果取整数。结果小于 20mg/kg，试验结果报告未检出。

4. 注意事项

① 测试前样品应密封保存，如果织物上甲醛含量太低，可增加试样重量至 2.5g，以确保测试的准确性。

② 吸光度读数应控制在 0.1～1 之间，以免产生较大误差。

③ 显色后出现的黄色暴露于阳光下一定时间会造成褪色，所以测定过程中应避免在强烈阳光下操作。

④ 如果怀疑吸光值不是来自甲醛，而是由样品溶液的颜色产生的，用双甲酮进行确认实验。取 5mL 萃取液放入另一试管（必要时稀释），加入 1mL 双甲酮乙醇溶液并摇动，置于（40±2）℃水浴中显色（10±1）min，再加入 5mL 乙酰丙酮加盖摇匀，置于（40±2）℃水浴中显色（30±5）min，用分光光度计进行测定。对照溶液用水而不是样品萃取液，来自样品中的甲醛在 412nm 的吸光度将消失。

（三）测试织物的耐水色牢度

1. 任务

测定不同种类内衣面料、外衣面料的耐水色牢度，并分析评价。

2. 要求

① 测定样品的耐水色牢度，并评价其是否满足生态纺织品的要求。
② 参照国家标准 GB/T 5713—2013 纺织品色牢度试验耐水色牢度。

3. 操作程序

（1）试样准备

① 标准贴衬织物的准备。纺织品色牢度测试过程中要用到标准贴衬织物。耐水、耐皂洗、耐汗渍、耐唾液色牢度测试时采用单纤维贴衬织物或多纤维贴衬织物。一般待测试纺织品成分较多时，采用多纤维贴衬织物较好；待测试纺织品成分较少或为纯纺时，宜采用单纤维贴衬织物。采用单纤维贴衬织物时，贴衬织物为两块，第一块贴衬应由试样的同类纤维制成，第二块贴衬按表 8-3 中规定的纤维制成。如试样为混纺或交织品，则第一块贴衬由主要含量的纤维制成，第二块贴衬由次要含量的纤维制成。或另作规定。

表 8-3　耐水、汗渍、唾液牢度测试时单纤维贴衬织物

第一块	第二块	第一块	第二块
棉	羊毛	聚酰胺纤维	羊毛或黏纤
羊毛	棉	聚酯纤维	羊毛或棉
丝	棉	聚丙烯腈纤维	羊毛或棉
麻	羊毛	醋酯(耐唾液)纤维	黏纤(耐唾液)
黏纤	羊毛		

② 织物试样的准备：取 100mm×40mm 试样一块，正面与一块 100mm×40mm 多纤维贴衬织物相接触，沿一短边缝合。或取 100mm×40mm 试样一块，夹于两块 100mm×40mm 单纤维贴衬织物之间，沿一短边缝合。

③ 纱线或散纤维试样的准备：可将纱线编织成织物，按织物方法进行测试；或者取纱线或散纤维约等于贴衬织物总质量一半，夹于一块 100mm×40mm 多纤维贴衬织物及一块

100mm×40mm 染不上色的织物之间，或夹于两块 100mm×40mm 规定的单纤维贴衬织物之间，沿四边缝合。

（2）牢度测试

① 接通汗渍牢度仪烘箱电源，设定汗渍牢度仪的烘箱温度为（37±2）℃，使仪器进行预热。

② 室温下将组合试样平放在平底容器中，注入三级水使之完全浸湿，浴比为 50：1，放置 30min，并不时揿压和拨动，以确保试液良好且均匀地渗透。

③ 取出试样，倒去残液，用玻璃棒夹除去试样上过多的试液。将组合试样平置于两块试样板之间，受压（12.5±0.9)kPa，放入已预热到试验温度的汗渍色牢度烘箱中，在（37±2)℃下保持 4h。

（3）干燥、评级

① 取出组合试样，并拆去除一条短边外的所有缝线，展开组合试样，悬挂在温度不超过 60℃的空气中干燥。

② 用仪器或灰色样卡评定每块试样的变色和贴衬织物的沾色。

仪器评级，使用已知规范白板的标准反射率来定标，测定样品反射的光谱功率散布或其本身的反射光度特性，然后依据光谱测量数据计算出物体在规范照明体下的三影响值、色度坐标、CIELAB 均匀色彩空间等，并经过一系列公式转换成变色和沾色牢度的灰卡级数。

灰色样卡评级，灰色样卡分为变色样卡和沾色样卡，均为五级九档。评级时，照明条件应为晴天北昼光（9：00～15：00)，或光照度在 600lx 及以上的等效光源，入射光与纺织品表面约成 45°角，观察方向大致垂直于织物表面，用灰色样卡进行试样变色及贴衬布沾色等级评定。

4. 注意事项

① 若发现有风干的试样，必须弃去重做。

② 如组合试样尺寸不足 40mm×100mm，重块施加于试样的压力仍应为 12.5kPa。

（四）测试织物的耐摩擦色牢度

1. 任务

测定不同类别纺织品的耐摩擦色牢度，并进行评级、分析。

2. 要求

① 测定样品的耐摩擦色牢度，并评价其是否满足生态纺织品的要求。

② 分析影响纺织品耐摩擦牢度的因素。

③ 参照国家标准 GB/T 3920—2008《纺织品色牢度试验耐摩擦色牢度》。

3. 操作程序

（1）试样准备

① 织物或地毯试样：取两组不小于 50mm×140mm 的样品，每组两块。一组其长度方向平行于经纱，用于经向的干摩和湿摩测试；另一组其长度方向平行于纬纱，用于纬向的干摩和湿摩测试。

② 纱线：将其编结成织物，并保证试样的尺寸不小于 50mm×200mm，或将纱线平行缠绕于与试样尺寸相同的纸板上。

（2）牢度测试

① 通则：用夹紧装置将试样固定在试验仪器上，使试样的长度方向与摩擦头的运行方向一致。

② 干摩擦：将调湿后的摩擦布卡于摩擦头上（圆形摩擦头用 50mm×50mm 的摩擦布；长方形摩擦头用 25mm×100mm 的摩擦布），使摩擦布的经向与摩擦头的运行方向一致，摩擦 10 个循环。取下摩擦布，并去除摩擦布上的多余有色纤维。

③ 湿摩擦：称量调湿后的摩擦布，将其完全浸入蒸馏水中，再轧去表面多余的水分，含水率控制在 95%～100%。再按干摩擦牢度的测试方法进行测试。

（3）评级　将湿摩擦布晾干，在适宜的光源下，用评定沾色用灰色样卡分别评定干、湿摩擦布的沾色级数。

4. 注意事项

① 绒类织物用方形摩擦头，其他纺织品用圆形摩擦头。
② 测试前摩擦布和待测试样应在标准条件下调湿 4h。
③ 当摩擦布的含水率可能严重影响评级时，可保持含水率（65±5)%条件下测定。
④ 当测试有多种颜色的纺织品时，宜注意取样的位置，使所有颜色均被摩擦到。

（五）测试织物的耐汗渍色牢度

1. 任务

测定某运动面料的耐汗渍色牢度。

2. 要求

① 评价被测试样是否满足产品基本安全技术规范要求。
② 分析测试过程中影响耐汗渍牢度的因素。
③ 参照国家标准 GB/T 3922—2013《纺织品色牢度试验耐汗渍色牢度》。

3. 操作程序

（1）人工汗液制备　分酸液与碱液两种，用蒸馏水现配现用。试液配制见表 8-4。
（2）试样准备　同织物的耐水色牢度测试中试样的准备。

如为印花织物，制样时织物正面与二单纤维贴衬织物每块的一半相接触，剪下其余一半，交叉覆于背面，缝合两短边。或与一块多纤维贴衬织物相贴合，缝一短边。如不能包括全部颜色，需用多个组合试样。

表 8-4　人工汗液制备

人工汗液种类 药品(试剂)名称	酸液	碱液
L-组氨酸盐酸盐一水合物/(g/L)	0.5	0.5
氯化钠/(g/L)	5	5
磷酸氢二钠十二水合物/(g/L) 或磷酸氢二钠二水合物/(g/L)	—	5 或 2.5
磷酸二氢钠二水合物/(g/L)	2.2	—
0.1mol/L 氢氧化钠溶液	调节 pH=5.5±0.2	调节 pH=8.0±0.2

（3）牢度测定

① 将一组组合试样平放在平底容器内，注入碱性试液使之完全润湿，试液 pH 值为 8.0±0.2，浴比为 50：1。具体测试方法见耐水色牢度测试。

② 采用相同的程序将另一组合试样置于 pH 值为 5.5±0.2 的酸性试液中浸湿，按照上述步骤进行试验。

（3）干燥、评级　参见耐水色牢度测试的干燥、评级。

4. 注意事项

① 若酸性汗渍牢度与碱性汗渍牢度同时做，所用试验仪器应分开。

② 分别评定酸、碱溶液中的试样变色和每种贴衬织物沾色等级，选出最严重的一个变色、沾色级数。

（六）测试织物的耐唾液色牢度

1. 任务

测试某童装面料的耐唾液色牢度。

2. 要求

① 通过对照比较，评价被测试样是否满足产品基本安全技术规范要求。

② 参照国家标准 GB/T 18886—2002《纺织品色牢度试验耐唾液色牢度》。

3. 操作程序

（1）人造唾液制备　试液用三级水配制，现配现用，处方见表 8-5。

表 8-5　人造唾液处方

药品名称	用量/(g/L)	药品名称	用量/(g/L)
乳酸	3.0	氯化钾	0.3
尿素	0.2	硫酸钠	0.3
氯化钠	4.5	氯化铵	0.4

（2）试样准备　同织物的耐水色牢度测试中试样的准备。

（3）牢度测定　在浴比 50：1 的人造唾液里放入一块组合试样，具体操作参见耐水色牢度测试。

（4）干燥、评级　参见耐水色牢度测试的干燥、评级。

4．注意事项

① 从测试完成到评级的间隔时间要相同，否则会影响评级结果。
② 贴衬织物与被测织物的接触面要一致，正反随意接触面，会影响评级结果。

四、问题与思考

1. 试验过程中有哪些因素会影响织物 pH 值测试的结果。
2. 分析织物上甲醛的来源及危害。
3. 分析影响织物耐水色牢度的因素有哪些。
4. 分析影响织物耐湿摩擦牢度的因素，并提出提高湿摩擦牢度的措施。
5. 分析耐汗渍牢度测试过程中的注意事项。

附　　录

一、纺织品的洗涤

不同面料的服装洗涤保养方法见附表1，常用的洗涤标志见附图1。

附表1　不同面料的服装洗涤保养方法

要求 \ 类型	棉/麻面料	真丝面料	羊毛面料	化纤面料	绒类面料
洗涤方式	水洗、机洗或干洗	手洗或干洗	手洗或干洗 不易揉搓	水洗、机洗或干洗	水洗、机洗或干洗
水温	不超过50℃	常温	不超过40℃	常温	常温
洗涤剂	普通	丝毛专用	丝毛专用	普通	普通
干燥	可正常晾晒	不可用力拧 最好阴干	不可用力拧 可正常晾晒	除锦纶面料外 可正常晾晒	正面梳理后 正常晾晒
熨烫	中温	低温	中温/垫衬布	中高温	反面
储存	可放樟脑精 或卫生球	不要密封	可放樟脑精 或卫生球	不需要放杀 虫剂类	不要挤压

(1) 最高水温70℃
常规程序

(2) 最高水温40℃
常规程序

(3) 最高水温40℃
缓和程序

(4) 最高水温40℃
非常缓和程序

(5) 低于40℃手洗

(6) 不可水洗

(7) 可以漂白

(8) 不可漂白

(9) 悬挂晾干

(10) 悬挂滴干

(11) 平摊晾干

(12) 平摊滴干

(13) 阴凉处悬挂晾干

(14) 阴凉处悬挂滴干

(15) 阴凉处平摊晾干

(16) 阴凉处平摊滴干

(17) 可翻转干燥(常规温度)

(18) 不可翻转干燥

(19) 常规干洗

(20) 缓和干洗

(21) 不可干洗

(22) 常规专业湿洗

(23) 缓和专业湿洗

(24) 非常缓和专业湿洗

(25) 不可熨烫

(26) 熨烫温度最高110℃

(27) 熨烫温度最高150℃

(28) 熨烫温度最高200℃

附图1　纺织品常用洗涤标志图

二、面料类产品检测项目标准与要求

面料类产品检测项目标准与要求见附表2。

附表2　面料类产品检测项目标准与要求

序号	产品名称	标准编号	检测项目	送样要求
1	棉本色布	GB/T 406—2008	幅宽,密度,断裂强力,棉结杂质	全幅1m
2	棉印染布	GB/T 411—2008	密度,断裂强力,撕破强力,水洗尺寸变化率,耐光色牢度,耐洗色牢度,耐摩擦色牢度,耐热压色牢度	全幅1.5m
3	棉印染灯芯绒	GB/T 14311—2008	密度,断裂强力,水洗尺寸变化率,耐光色牢度,耐洗色牢度,耐摩擦色牢度,耐热压色牢度	全幅1.5m
4	精梳涤/棉混纺本色布	GB/T 5325—2009	幅宽,密度,纤维含量,断裂强力	全幅1m
5	精梳涤/棉混纺印染布	GB/T 5326—2009	密度,断裂强力,撕破强力,水洗尺寸变化率,纤维含量,耐光色牢度,耐洗色牢度,耐摩擦色牢度,耐汗渍色牢度,耐热压色牢度	全幅1.5m
6	普梳涤与棉混纺本色布	FZ/T 13012—2006	幅宽,密度,断裂强力,棉结杂质	全幅1m
7	精梳棉/涤混纺本色布	FZ/T 13013—2011	幅宽,密度,纤维含量,断裂强力	全幅1m
8	棉/涤混纺印染布	FZ/T 14007—2011	密度,断裂强力,撕破强力,纤维含量,水洗尺寸变化率,耐光色牢度,耐洗色牢度,耐汗渍色牢度,耐摩擦色牢度	全幅1.5m
9	色织棉布	FZ/T 13007—2016	密度,水洗尺寸变化率,脱缝程度,撕破强力,耐光色牢度,耐洗色牢度,耐摩擦色牢度,耐汗渍色牢度,耐热压色牢度	全幅1.5m
10	色织牛仔布	FZ/T 13001—2013	密度,断裂强力,撕破强力,水洗尺寸变化率,纬斜尺寸变化,有浆重量	全幅1.5m
11	桑蚕丝织物	GB/T 15551—2016	密度,单位面积质量,断裂强力,纤维含量,纰裂程度,水洗尺寸变化率,耐水色牢度,耐汗渍色牢度,耐洗色牢度,耐摩擦色牢度,耐光色牢度	全幅1.5m

序号	产品名称	标准编号	检测项目	送样要求
12	再生纤维素丝织物	GB/T 16605—2008	密度,单位面积质量,纤维含量,断裂强力,纰裂程度,水洗尺寸变化率,耐水色牢度,耐汗渍色牢度,耐洗色牢度,耐摩擦色牢度,耐光色牢度	全幅 1.5m
13	合成纤维丝织物	GB/T 17253—2008	密度,单位面积质量,纤维含量,断裂强力,撕破强力,纰裂程度,水洗尺寸变化率,起毛起球,耐洗色牢度,耐水色牢度,耐汗渍色牢度,耐摩擦色牢度,耐干洗色牢度,耐热压色牢度,耐光色牢度	全幅 1.5m
14	精梳毛织品	GB/T 26382—2011	幅度,单位面积质量,静态尺寸变化率,纤维含量,起球,断裂强力,撕破强力,汽蒸尺寸变化率,落水变形,脱缝程度,耐光色牢度,耐水色牢度,耐汗渍色牢度,耐熨烫色牢度,耐水色牢度,耐摩擦色牢度,耐干洗色牢度	全幅 1.5m
15	粗梳毛织品	GB/T 26378—2011	幅度,单位面积质量,静态尺寸变化率,纤维含量,起球,断裂强力,撕破强力,含油脂率,脱缝程度,耐光色牢度,耐水色牢度,耐汗渍色牢度,耐熨烫色牢度,耐摩擦色牢度,耐干洗色牢度	全幅 1.5m
16	精梳低含毛混纺及纯化纤毛织品	FZ/T 24004—2009	幅度,单位面积质量,静态尺寸变化率,起球,断裂强力,撕破强力,汽蒸尺寸变化率,落水变形,脱缝程度,纤维含量,耐光色牢度,耐水色牢度,耐汗渍色牢度,耐熨烫色牢度,耐摩擦色牢度,耐洗色牢度,耐干洗色牢度	全幅 1.5m
17	色织中长涤/黏混纺布	FZ/T 13011—2013	密度,耐洗色牢度,耐摩擦色牢度,水洗尺寸变化率,断裂强力,折皱回复角,起毛起球	全幅 1.5m
18	涤/黏中长混纺印染布	FZ/T 14005—2006	密度,断裂强力,纤维含量,pH 值,甲醛含量,水洗尺寸变化率,耐光色牢度,耐洗色牢度,耐摩擦色牢度,耐汗渍色牢度,耐湿熨烫色牢度	全幅 1.5m
19	亚麻本色布	FZ/T 33001—2010	单位面积质量,密度,断裂强力	全幅 1m
20	亚麻色织布	FZ/T 33004—2006	密度,断裂强力,撕破强力,单位面积质量,水洗尺寸变化率,纤维含量,耐光色牢度,耐洗色牢度,耐热压色牢度,耐摩擦色牢度	全幅 1.5m
21	亚麻棉混纺本色布	FZ/T 33005—2009	幅宽,密度,断裂强力,单位面积质量,亚麻纤维含量	全幅 1m
22	亚麻印染布	FZ/T 34002—2016	密度,水洗尺寸变化率,苎麻纤维含量,断裂强力,撕破强力,单位面积质量,耐光色牢度,耐洗色牢度,耐热压色牢度,耐摩擦色牢度	全幅 1.5m

序号	产品名称	标准编号	检测项目	送样要求
23	苎麻本色布	FZ/T 33002—2014	幅宽,密度,断裂强力	全幅 1m
24	苎麻色织布	FZ/T 33009—2010	密度,断裂强力,撕破强力,水洗尺寸变化率,耐皂洗色牢度,耐水色牢度,耐汗渍色牢度,耐摩擦色牢度,耐热压色牢度	全幅 1.5m
25	苎麻印染布	FZ/T 34001—2012	密度,水洗尺寸变化率,耐洗色牢度,耐摩擦色牢度,甲醛含量,断裂强力,撕破强力	全幅 1.5m
26	涤/麻(苎麻)混纺印染布	FZ/T 34004—2012	密度,水洗尺寸变化率,耐洗色牢度,耐摩擦色牢度,甲醛含量,苎麻纤维含量,断裂强力,撕破强力	全幅 1.5m
27	防水锦纶丝织物	FZ/T 43012—2013	幅宽,单位面积质量,密度,缩水率,断裂强力,撕破强力,抗渗水性,抗湿性,耐洗色牢度,耐水色牢度,耐摩擦色牢度,耐光色牢度	全幅 1.5m
28	阻燃织物	GB/T 17591—2006	断裂强力,撕破强力,胀破强度,纱线抗滑移,水洗尺寸变化率,干洗尺寸变化率,耐干洗色牢度,耐洗色牢度,耐水色牢度,耐摩擦色牢度,耐光色牢度,阻燃性能	全幅 1.5m

三、纤维鉴别与面料分析测试相关标准目录

(一)纤维定性鉴别标准(附表3)

附表3 纤维定性鉴别标准

标准编号	标准名称	实施日期
GB/T 29862—2013	纺织品 纤维含量的标识	2014/5/1
FZ/T 01053—2007	纺织品 纤维含量的标识	2007/11/1
FZ/T 01057.1—2007	纺织纤维鉴别试验方法 第1部分:通用说明	2007/11/1
FZ/T 01057.2—2007	纺织纤维鉴别试验方法 第2部分:燃烧法	2007/11/1
FZ/T 01057.3—2007	纺织纤维鉴别试验方法 第3部分:显微镜法	2007/11/1
FZ/T 01057.4—2007	纺织纤维鉴别试验方法 第4部分:溶解法	2007/11/1
FZ/T 01057.5—2007	纺织纤维鉴别试验方法 第5部分:含氯含氮呈色反应法	2007/11/1
FZ/T 01057.6—2007	纺织纤维鉴别试验方法 第6部分:熔点法	2007/11/1
FZ/T 01057.7—2007	纺织纤维鉴别试验方法 第7部分:密度梯度法	2007/11/1
FZ/T 01057.8—2012	纺织纤维鉴别试验方法 第8部分:红外光谱法	2013/6/1
FZ/T 01057.9—2012	纺织纤维鉴别试验方法 第9部分:双折射率法	2013/6/1
FZ/T 01101—2008	纺织品纤维含量的测定 物理法	2008/10/1
GB 18383—2007	絮用纤维制品通用技术要求	2007/5/1
GB/T 4146.1—2009	纺织品 化学纤维 第1部分:属名	2010/1/1

续表

标 准 编 号	标 准 名 称	实施日期
GB/T 4146.3—2011	纺织品 化学纤维 第3部分:检验术语	2011/12/1
GB/T 11951—1989	纺织品 天然纤维 术语	1990/7/1
SN/T 1524—2005	芳香族聚酰胺纤维的鉴别方法	2005/7/1
SN/T 1901—2014	七种纺织纤维的系列鉴别方法	2014/8/1
SN/T 2681—2010	聚乳酸纤维制品成分定性分析方法	2011/5/1
SN/T 3236—2012	纺织纤维鉴别试验方法 拉曼光谱法	2013/5/1
HS/T 11—2006	低熔点复合涤纶短纤维的鉴别方法	2007/4/1
AATCC 20—2011	纤维分析:定性法	2011/1/1
ASTM D 276—2012	鉴定纺织品纤维的试验方法	2012/2/1
JIS L 1030—1:2012	纤维混合物数量分析的测试方法 第1部分:纤维识别的测试方法	2012/3/21

(二)纤维定量分析标准(附表4)

附表4　纤维定量分析标准

标 准 编 号	标 准 名 称	实施日期
FZ/T 01026—2009	纺织品 定量化学分析 四组分纤维混合物	2010/6/1
FZ/T 01095—2002	纺织品 氨纶产品纤维含量的试验方法	2003/1/1
FZ/T 01101—2008	纺织品 纤维含量的测定 物理法	2008/10/1
FZ/T 01102—2009	纺织品 大豆蛋白复合纤维混纺产品 定量化学分析方法	2010/4/1
FZ/T 01103—2009	纺织品 牛奶蛋白改性聚丙烯腈纤维混纺产品 定量化学分析方法	2010/4/1
FZ/T 01106—2010	纺织品 定量化学分析 炭改性涤纶与某些其他纤维的混合物	2010/12/1
FZ/T 30003—2009	麻/棉混纺产品定量分析方法 显微投影法	2010/4/1
FZ/T 40005—2009	桑/柞产品中桑蚕丝含量的测定 化学法	2010/4/1
GB/T 14593—2008	山羊绒、绵羊毛及其混合纤维定量分析方法 扫描电镜法	2008/12/1
GB/T 16988—2013	特种动物纤维与绵羊毛混合物含量的测定	2014/11/1
GB/T 2910.1—2009	纺织品 定量化学分析 第1部分:试验通则	2010/1/1
GB/T 2910.2—2009	纺织品 定量化学分析 第2部分:三组分纤维混合物	2010/1/1
GB/T 2910.3—2009	纺织品 定量化学分析 第3部分:醋酯纤维与某些其他纤维的混合物(丙酮法)	2010/1/1
GB/T 2910.4—2009	纺织品 定量化学分析 第4部分:某些蛋白质纤维与某些其他纤维的混合物(次氯酸盐法)	2010/1/1
GB/T 2910.5—2009	纺织品 定量化学分析 第5部分:黏胶纤维、铜氨纤维或莫代尔纤维与棉的混合物(锌酸钠法)	2010/1/1
GB/T 2910.6—2009	纺织品 定量化学分析 第6部分:黏胶纤维、某些铜氨纤维、莫代尔纤维或莱赛尔纤维与棉的混合物(甲酸/氯化锌法)	2010/1/1
GB/T 2910.7—2009	纺织品 定量化学分析 第7部分:聚酰胺纤维与某些其他纤维混合物(甲酸法)	2010/1/1
GB/T 2910.8—2009	纺织品 定量化学分析 第8部分:醋酯纤维与三醋酯纤维混合物(丙酮法)	2010/1/1

续表

标 准 编 号	标 准 名 称	实施日期
GB/T 2910.9—2009	纺织品 定量化学分析 第 9 部分:醋酯纤维与三醋酯纤维混合物(苯甲醇法)	2010/1/1
GB/T 2910.10—2009	纺织品 定量化学分析 第 10 部分:三醋酯纤维或聚乳酸纤维与某些其他纤维的混合物(二氯甲烷法)	2010/1/1
GB/T 2910.11—2009	纺织品 定量化学分析 第 11 部分:纤维素纤维与聚酯纤维的混合物(硫酸法)	2010/1/1
GB/T 2910.12—2009	纺织品 定量化学分析 第 12 部分:聚丙烯腈纤维、某些改性聚丙烯腈纤维、某些含氯纤维或某些弹性纤维与某些其他纤维的混合物(二甲基甲酰胺法)	2010/1/1
GB/T 2910.13—2009	纺织品 定量化学分析 第 13 部分:某些含氯纤维与某些其他纤维的混合物(二硫化碳/丙酮法)	2010/1/1
GB/T 2910.14—2009	纺织品 定量化学分析 第 14 部分:醋酯纤维与某些含氯纤维的混合物(冰乙酸法)	2010/1/1
GB/T 2910.15—2009	纺织品 定量化学分析 第 15 部分:黄麻与某些动物纤维的混合物(含氮量法)	2010/1/1
GB/T 2910.16—2009	纺织品 定量化学分析 第 16 部分:聚丙烯纤维与某些其他纤维的混合物(二甲苯法)	2010/1/1
GB/T 2910.17—2009	纺织品 定量化学分析 第 17 部分:含氯纤维(氯乙烯均聚物)与某些其他纤维的混合物(硫酸法)	2010/1/1
GB/T 2910.18—2009	纺织品 定量化学分析 第 18 部分:蚕丝与羊毛或其他动物毛纤维的混合物(硫酸法)	2010/1/1
GB/T 2910.19—2009	纺织品 定量化学分析 第 19 部分:纤维素纤维与石棉的混合物(加热法)	2010/1/1
GB/T 2910.20—2009	纺织品 定量化学分析 第 20 部分:聚氨酯弹性纤维与某些其他纤维的混合物(二甲基乙酰胺法)	2010/1/1
GB/T 2910.21—2009	纺织品 定量化学分析 第 21 部分:含氯纤维、某些改性聚丙烯腈纤维、某些弹性纤维、醋酯纤维、三醋酯纤维与某些其他纤维的混合物(环己酮法)	2010/1/1
GB/T 2910.22—2009	纺织品 定量化学分析 第 22 部分:黏胶纤维、某些铜氨纤维、莫代尔纤维或莱赛尔纤维与亚麻、苎麻的混合物(甲酸/氯化锌法)	2010/1/1
GB/T 2910.23—2009	纺织品 定量化学分析 第 23 部分:聚乙烯纤维与聚丙烯纤维的混合物(环己酮法)	2010/1/1
GB/T 2910.24—2009	纺织品 定量化学分析 第 24 部分:聚酯纤维与某些其他纤维的混合物(苯酚/四氯乙烷法)	2010/1/1
GB/T 2910.101—2009	纺织品 定量化学分析 第 101 部分:大豆蛋白复合纤维与某些其他纤维的混合物	2010/1/1
DB33/T 773—2009	纺织品 甲壳胺纤维和其他纤维混合物 定性定量分析方法	2010/1/25
SN/T 0462—1995	进出口锦纶、兔毛、羊毛混纺毛纱三组分含量测定方法	1996/1/1
SN/T 0464—2003	进出口包芯氨纶纱成分比测定方法	2004/2/1
SN/T 0756—1999	麻/棉混纺产品定量分析方法 显微投影法	1999/8/1
SN/T 1056—2002	进出口二组分纤维交织物定量分析方法 拆纱称重法	2002/6/1

续表

标 准 编 号	标 准 名 称	实施日期
SN/T 1507—2005	Lyocell 与羊毛、桑蚕丝、锦纶、腈纶、涤纶、丙纶二组分纤维混纺纺织品 定量化学分析方法	2005/7/1
SN/T 1648—2005	纺织品 水溶性纤维混纺产品 定量分析方法	2006/5/1
SN/T 1205—2003	纺织品 羊毛、腈纶、锦纶和氨纶 定量化学分析方法	2003/9/1
SN/T 1062—2010	进出口纱线及织品中 山羊绒含量的检测方法	2011/5/1
SN/T 2194—2008	纺织品 聚乳酸纤维混纺产品 定量化学分析方法	2009/6/1
SN/T 2467—2010	再生纤维素纤维与麻纤维混纺产品定量分析方法 盐酸法	2010/7/16
SN/T 2640—2010	中空纤维定量分析方法 根数比法	2010/12/1
ISO 1833.1-24—2006	纺织品 定量化学分析 第1部分~第24部分	2006/6/1
AATCC 20A—2012	纤维分析 定量法	2012/1/1
ASTM D 629—2008	纺织品定量分析试验方法	2008/8/1
JIS L 1030-2—2012	纺织品纤维混合物定量分析的试验方法. 第2部分:纤维混合物定量分析的试验方法	2012/3/21
AS 2001.7:2005	纺织品测试方法 纤维混合物定量分析	2005/1/1

(三) 面料规格与性能测试相关标准 (附表 5)

附表 5 面料规格与性能测试相关标准

标 准 编 号	标 准 名 称	实施日期
FZ/T 01030—2016	针织物和弹性机织物接缝强力和扩张度的测定 顶破法	2016/9/1
FZ/T 01031—2016	针织物和弹性机织物接缝强力和伸长率的测定 抓样拉伸法	2016/9/1
FZ/T 01034—2008	纺织品 机织物拉伸弹性试验方法	2008/9/1
GB/T 29256.1—2012	纺织品 机织物结构分析方法 第1部分:织物组织图与穿综、穿筘及提综图的表示方法	2013/6/1
GB/T 29256.3—2012	纺织品 机织物结构分析方法 第3部分:织物中纱线织缩的测定	2013/6/1
GB/T 29256.4—2012	纺织品 机织物结构分析方法 第4部分:织物中拆下纱线捻度的测定	2013/6/1
GB/T 29256.5—2012	纺织品 机织物结构分析方法 第5部分:织物中拆下纱线线密度的测定	2013/6/1
GB/T 29256.6—2012	纺织品 机织物结构分析方法 第6部分:织物单位面积经纬纱线质量的测定	2013/6/1
FZ/T 20008—2015	毛织物单位面积质量的测定	2016/1/1
FZ/T 20009—2015	毛织物尺寸变化的测定 静态浸水法	2016/1/1
FZ/T 20019—2006	毛机织物脱缝程度试验方法	2007/1/1
FZ/T 70006—2004	针织物拉伸弹性回复率试验方法	2004/11/1
FZ/T 70010—2006	针织物平方米干燥重量试验的测定	2007/4/1
GB/T 2543.1—2015	纺织品 纱线捻度的测定 第1部分:直接计数法	2016/4/1
GB/T 2543.2—2001	纺织品 纱线捻度的测定 第2部分:退捻加捻法	2001/9/1
GB/T 3291.1—1997	纺织 纺织材料性能和试验术语 第1部分:纤维和纱线	1998/5/1

续表

标准编号	标准名称	实施日期
GB/T 3291.2—1997	纺织 纺织材料性能和试验术语 第2部分:织物	1998/5/1
GB/T 3291.3—1997	纺织 纺织材料性能和试验术语 第3部分:通用	1998/5/1
GB/T 3819—1997	纺织品 织物折痕回复性的测定 回复角法	1997/12/1
GB/T 3917.1—2009	纺织品 织物撕破性能 第1部分:冲击摆锤法撕破强力的测定	2010/1/1
GB/T 3917.2—2009	纺织品 织物撕破性能 第2部分:裤形试样(单缝)撕破强力的测定	2010/1/1
GB/T 3917.3—2009	纺织品 织物撕破性能 第3部分:梯形试样撕破强力的测定	2010/1/1
GB/T 3917.4—2009	纺织品 织物撕破性能 第4部分:舌形试样(双缝)撕破强力的测定	2010/1/1
GB/T 3917.5—2009	纺织品 织物撕破性能 第5部分:翼形试样(单缝)撕破强力的测定	2010/1/1
GB/T 3923.1—2013	纺织品 织物拉伸性能 第1部分:断裂强力和断裂伸长率的测定 条样法	2014/5/1
GB/T 3923.2—2013	纺织品 织物拉伸性能 第2部分:断裂强力的测定 抓样法	2014/5/1
GB/T 4666—2009	纺织品 织物长度和幅宽的测定	2009/12/1
GB/T 4668—1995	机织物密度的测定	1996/5/1
GB/T 4669—2008	纺织品 机织物 单位长度质量和单位面积质量的测定	2009/6/1
GB/T 4802.1—2008	纺织品 织物起毛起球性能的测定 第1部分:圆轨迹法	2009/3/1
GB/T 4802.2—2008	纺织品 织物起毛起球性能的测定 第2部分:改型马丁代尔法	2009/3/1
GB/T 4802.3—2008	纺织品 织物起毛起球性能的测定 第3部分:起球箱法	2009/3/1
GB/T 4802.4—2009	纺织品 织物起毛起球性能的测定 第4部分:随机翻滚法	2010/2/1
GB/T 7742.1—2005	纺织品 织物胀破性能 第1部分:胀破强力和胀破扩张度的测定 液压法	2006/5/1
GB/T 8683—2009	纺织品 机织物 一般术语和基本组织的定义	2010/2/1
GB/T 8685—2008	纺织品 维护标签规范 符号法	2009/3/1
GB/T 8693—2008	纺织品 纱线的标示	2009/3/1
GB/T 8695—1988	纺织纤维和纱线的形态词汇	1988/8/1
GB/T 13772.1—2008	纺织品 机织物接缝处纱线抗滑移的测定 第1部分:定滑移量法	2009/3/1
GB/T 13772.2—2008	纺织品 机织物接缝处纱线抗滑移的测定 第2部分:定负荷法	2009/3/1
GB/T 13772.3—2008	纺织品 机织物接缝处纱线抗滑移的测定 第3部分:针夹法	2009/8/1
GB/T 13772.4—2008	纺织品 机织物接缝处纱线抗滑移的测定 第4部分:摩擦法	2009/3/1
GB/T 13773.1—2008	纺织品 织物及其制品的接缝拉伸性能 第1部分:条样法接缝强力的测定	2009/3/1
GB/T 13773.2—2008	纺织品 织物及其制品的接缝拉伸性能 第2部分:抓样法接缝强力的测定	2009/3/1
GB/T 16256—2008	纺织纤维 线密度试验方法 振动仪法	2008/12/1
GB/T 19976—2005	纺织品 顶破强力的测定 钢球法	2006/5/1
GB/T 21196.1—2007	纺织品 马丁代尔法织物耐磨性的测定 第1部分:马丁代尔耐磨试验仪	2008/7/1
GB/T 21196.2—2007	纺织品 马丁代尔法织物耐磨性的测定 第2部分:试样破损的测定	2008/7/1
GB/T 21196.3—2007	纺织品 马丁代尔法织物耐磨性的测定 第3部分:质量损失的测定	2008/7/1
GB/T 21196.4—2007	纺织品 马丁代尔法织物耐磨性的测定 第4部分:外观变化的评定	2008/7/1

四、常见混纺织品的纤维含量分析方案

常见混纺织品的纤维含量分析方案见附表6～附录8。

附表6 常见的二组分混纺织品含量分析方案

序号	纤维混纺组成	方法	操作步骤
1	涤纶与棉或麻	75％硫酸法	每克试样加入75％硫酸溶液100mL，在50℃±5℃保温1h，水洗，氨水洗，水洗，烘干。残留涤纶
2	大豆纤维与涤纶	75％硫酸法	同上。残留涤纶
3	羊毛与涤纶	碱性次氯酸钠法	每克试样加入1mol/L碱性次氯酸钠溶100mL，在20℃±2℃保温40min，水洗，0.5％醋酸溶液洗，水洗，烘干。残留涤纶
4	Lyocell或竹竹纤维与羊毛或蚕丝	碱性次氯酸钠法	同上。残留竹纤维
5	羊毛与腈纶	二甲基甲酰胺法	每克试样加入二甲基甲酰胺溶液100mL，在90～95℃保温1h，水洗，烘干。残留羊毛
6	Modal与腈纶	二甲基甲酰胺法	同上。残留Modal纤维
7	棉、麻、蚕丝、毛与甲壳素纤维	5％乙酸法	每克试样加入5％乙酸溶液100mL，在50℃±2℃保温30min，水洗，烘干。溶解甲壳素纤维
8	Lyocell与锦纶	80％甲酸法	每克试样加入80％甲酸溶液100mL，并在25℃±5℃保温15min，水洗，烘干。残留Lyocell纤维
9	黏纤与棉或麻	甲酸/氯化锌法	每克试样加入甲酸/氯化锌溶液100mL，在40℃±2℃保温2.5h，水洗，烘干。残留棉或麻
10	大豆纤维与蚕丝或毛	3％氢氧化钠法	每克试样加入3％氢氧化钠溶液100mL，在90～95℃保温30min，水洗，烘干。残留大豆纤维
11	大豆纤维与黏纤或Modal	20％盐酸法	每克试样加入20％盐酸溶液100mL，在25℃±2℃保温30min，水洗，烘干。残留黏纤或Modal纤维
12	锦纶与涤纶或丙纶	20％盐酸法	同上。残留涤纶或丙纶

附表7 常见的三组分混纺织品含量分析方案

纤维组成			应用方法与步骤
第一组分	第二组分	第三组分	
羊毛、蚕丝	黏纤	棉、麻	(1)碱性次氯酸钠溶解羊毛或蚕丝 (2)甲酸/氯化锌溶解黏纤
羊毛、蚕丝	锦纶	棉、麻、黏纤	(1)碱性次氯酸钠溶解羊毛或蚕丝 (2)80％甲酸溶解锦纶
羊毛	棉、麻、黏纤	涤纶	(1)碱性次氯酸钠溶解羊毛 (2)75％硫酸溶解棉、麻、黏纤
羊毛	蚕丝	涤纶	(1)75％硫酸溶解蚕丝 (2)碱性次氯酸钠溶解羊毛
羊毛	蚕丝	棉	(1)碱性次氯酸钠溶解羊毛、蚕丝 (2)75％硫酸溶解蚕丝、棉
羊毛	锦纶	涤纶	(1)碱性次氯酸钠溶解羊毛 (2)80％甲酸溶解锦纶
锦纶	腈纶	棉、麻、黏纤	(1)80％甲酸溶解锦纶 (2)二甲基甲酰胺溶解腈纶
锦纶	棉、麻、黏纤	涤纶	(1)80％甲酸溶解锦纶 (2)75％硫酸溶解锦、棉、麻、黏纤
黏纤	棉、麻	涤纶	(1)甲酸/氯化锌溶解黏纤 (2)75％硫酸溶解棉、麻

附表 8　常见的四组分以上混纺织品含量分析方案

编号	纤维组成	应用方法与步骤
1	羊毛、锦纶、腈纶、黏纤	(1)1mol/L 次氯酸钠溶解羊毛 (2)80%甲酸溶解锦纶 (3)二甲基甲酰胺溶解腈纶
2	羊毛、锦纶、苎麻、涤纶	(1)1mol/L 次氯酸钠溶解羊毛 (2)80%甲酸溶解锦纶 (3)75%硫酸溶解苎麻
3	羊毛、腈纶、棉、涤纶	(1)1mol/L 次氯酸钠溶解羊毛 (2)二甲基甲酰胺溶解腈纶 (3)75%硫酸溶解棉
4	蚕丝、黏纤、棉、涤纶	(1)1mol/L 次氯酸钠溶解蚕丝 (2)甲酸/氯化锌溶解黏纤 (3)75%硫酸溶解棉
5	蚕丝、锦纶、腈纶、涤纶	(1)1mol/L 次氯酸钠溶解蚕丝 (2)80%甲酸溶解锦纶 (3)二甲基甲酰胺溶解腈纶
6	锦纶、棉、羊毛、蚕丝	(1)80%甲酸法溶解锦纶 (2)1mol/L 次氯酸钠溶解羊毛、蚕丝 (3)75%硫酸溶解蚕丝、棉、锦纶 (1)1mol/L 次氯酸钠溶解羊毛、蚕丝 (2)剩余纤维用 80%甲酸法溶解锦纶 (3)75%硫酸溶解蚕丝、棉、锦纶 (1)80%甲酸法溶解锦纶 (2)剩余纤维用 1mol/L 次氯酸钠溶解羊毛、蚕丝 (3)75%硫酸溶解蚕丝、棉、锦纶
7	羊毛、涤纶、腈纶、锦纶、黏纤	(1)二甲基甲酰胺溶解腈纶 (2)剩余纤维用 1mol/L 次氯酸钠溶解羊毛 (3)剩余纤维用 75%硫酸溶解锦纶、黏纤 (4)1mol/L 次氯酸钠溶解羊毛 (5)80%甲酸溶解锦纶 (1)1mol/L 次氯酸钠溶解羊毛 (2)剩余纤维用二甲基甲酰胺溶解腈纶 (3)剩余纤维用 75%硫酸溶解锦纶、黏纤 (4)二甲基甲酰胺溶解腈纶 (5)80%甲酸溶解锦纶 (1)1mol/L 次氯酸钠溶解羊毛 (2)剩余纤维用 80%甲酸溶解锦纶 (3)1mol/L 次氯酸钠溶解羊毛 (4)剩余纤维用二甲基甲酰胺溶解腈纶 (5)剩余纤维用 75%硫酸溶解锦纶、黏纤

参 考 文 献

[1] 蔡苏英. 染整技术实验 [M]. 北京：中国纺织出版社，2009.

[2] 杭伟明. 纤维化学及面料 [M]. 北京：中国纺织出版社，2009.

[3] 邓沁兰. 纺织面料 [M]. 2 版. 北京：中国纺织出版社，2012.

[4] 李南. 纺织品检测实训 [M]. 北京：中国纺织出版社，2010.

[5] 朱进忠. 纺织材料学实验 [M]. 北京：中国纺织出版社，2008.

[6] 杨乐芳. 纺织材料性能与检测技术 [M]. 上海：东华大学出版社，2010.

[7] 瞿才新. 纺织检测技术 [M]. 北京：中国纺织出版社，2011.

[8] 姚穆，周锦芳，黄淑珍，等. 纺织材料学 [M]. 北京：中国纺织出版社，1990.

[9] 于伟东. 纺织材料学 [M]. 北京：中国纺织出版社，2006.

[10] 潘志娟. 纤维材料近代测试技术 [M]. 北京：中国纺织出版社，2005.

[11] 姜怀. 纺织材料学 [M]. 上海：东华大学出版社，2009.

[12] 林志武，柯家骥，连培榕. 氨纶包芯纱及其交织产品的纤维含量测试 [J]. 检验检疫科学，2000 (6)：39-41.

[13] 邬文文，王竞成. 国内外纤维含量检测方法的比较 [J]. 中国纤检，2013 (9)：65-67.

[14] 刘荣清，张伟敏. 包芯纱的特性与纺制 [C]. 无锡锡海杯 2010 年全国推广应用创新型纺织器材提高成纱质量技术研讨会论文集.